2023年
全国科技成果统计
年度报告

科学技术部新质生产力促进中心 ◎ 编

科学技术文献出版社
SCIENTIFIC AND TECHNICAL DOCUMENTATION PRESS
·北京·

图书在版编目（CIP）数据

2023年全国科技成果统计年度报告 / 科学技术部新质生产力促进中心编. -- 北京：科学技术文献出版社，2025.3. -- ISBN 978-7-5235-2263-9

Ⅰ.G322

中国国家版本馆 CIP 数据核字第 2025CN2681 号

2023年全国科技成果统计年度报告

策划编辑：秦　源　责任编辑：张瑶瑶　责任校对：宋红梅　责任出版：张志平

出　版　者	科学技术文献出版社
地　　　址	北京市复兴路15号　邮编 100038
编　务　部	（010）58882909，58882087（传真）
发　行　部	（010）58882868，58882870（传真）
官 方 网 址	www.stdp.com.cn
发　行　者	科学技术文献出版社发行　全国各地新华书店经销
印　刷　者	北京时尚印佳彩色印刷有限公司
版　　　次	2025 年 3 月第 1 版　2025 年 3 月第 1 次印刷
开　　　本	889×1194　1/16
字　　　数	149千
印　　　张	7.5
书　　　号	ISBN 978-7-5235-2263-9
定　　　价	78.00元

版权所有　违法必究

购买本社图书，凡字迹不清、缺页、倒页、脱页者，本社发行部负责调换

《2023 年全国科技成果统计年度报告》编委会

主　　　任：邢怀滨

副 主 任：徐　轶　刘　韬

成　　　员：卢丽娜　牛倩倩　丁韦娜　娄万里
　　　　　　宫玉宇　张婧姝　刘千祥　殷　茵
　　　　　　操霞玲　吴翠翠　吴海波　张　旭

编 写 组：卢丽娜　牛倩倩　丁韦娜　宫玉宇
　　　　　　娄万里　张婧姝　殷　茵　刘千祥

前 言

2023年，全国科技成果统计工作涉及31个省（自治区、直辖市）和新疆生产建设兵团、10个计划单列市和副省级城市，以及28个国务院有关部门、行业协会与中央企业等，共登记科技成果93 406项。

《2023年全国科技成果统计年度报告》由科技成果总量、科技成果分类、科技成果区域分布、应用技术成果转化应用情况、科技成果完成单位及完成人，以及附录共6个部分构成。本报告重点对应用技术成果的资金支持方式和完成主体类型进行了分析。资金支持方式方面，分别对财政资金和非财政资金支持的应用技术成果的转化方式、定价方式、转化收入、应用效果、奖励和报酬情况、政府支持情况及本单位转化政策支持情况进行了分析；完成主体类型方面，分别对大专院校和独立科研机构、企业的应用技术成果应用状态、转化方式、转移转化效益及技术转让与许可收入进行了分析。本报告力争从不同角度展示2023年度全国登记科技成果的特征和趋势，反映我国大专院校、独立科研机构、企业及其科研人员的科技创新成绩，以及科技成果转化应用情况，为科技管理决策提供支撑服务。

本报告在编写过程中得到了各地方、各部门科技管理机构的大力支持，在此表示衷心感谢！

编写组

二〇二四年十月

目 录

第一部分 科技成果总量

一、全国登记科技成果总量 ·· 3
二、地方登记科技成果总量 ·· 4
三、部门登记科技成果总量 ·· 5
四、知识产权产出 ·· 6
五、技术标准产出 ·· 7

第二部分 科技成果分类

一、类型分布 ·· 11
二、课题来源 ·· 12
    1. 总体情况 ·· 12
    2. 应用技术成果课题来源 ·· 12
    3. 基础理论成果课题来源 ·· 13
    4. 软科学成果课题来源 ·· 14
三、评价方式 ·· 15
    1. 总体情况 ·· 15
    2. 应用技术成果评价方式 ·· 16
    3. 基础理论成果评价方式 ·· 17
    4. 软科学成果评价方式 ·· 17
四、行业分布 ·· 18
    1. 总体情况 ·· 18
    2. 应用技术成果分布 ·· 18
    3. 基础理论成果分布 ·· 20
    4. 软科学成果分布 ·· 21
五、高新技术领域成果分布 ·· 23

第三部分 科技成果区域分布

- 一、总体区域分布 ·· 27
- 二、东部地区 ·· 29
  - 1. 成果来源构成 ·· 29
  - 2. 高新技术领域分布 ·· 30
  - 3. 应用技术成果转化应用状态 ·· 31
- 三、中部地区 ·· 32
  - 1. 成果来源构成 ·· 32
  - 2. 高新技术领域分布 ·· 33
  - 3. 应用技术成果转化应用状态 ·· 34
- 四、西部地区 ·· 36
  - 1. 成果来源构成 ·· 36
  - 2. 高新技术领域分布 ·· 37
  - 3. 应用技术成果转化应用状态 ·· 38
- 五、东北地区 ·· 40
  - 1. 成果来源构成 ·· 40
  - 2. 高新技术领域分布 ·· 41
  - 3. 应用技术成果转化应用状态 ·· 42
- 六、长三角地区 ·· 43
  - 1. 成果来源构成 ·· 43
  - 2. 高新技术领域分布 ·· 44
  - 3. 应用技术成果转化应用状态 ·· 45
- 七、京津冀地区 ·· 46
  - 1. 成果来源构成 ·· 46
  - 2. 高新技术领域分布 ·· 47
  - 3. 应用技术成果转化应用状态 ·· 48
- 八、珠三角地区 ·· 49
  - 1. 成果来源构成 ·· 49
  - 2. 高新技术领域分布 ·· 50
  - 3. 应用技术成果转化应用状态 ·· 51

第四部分　应用技术成果转化应用情况

- 一、应用技术成果总体情况 ··· 55
  - 1. 产出形式 ··· 55
  - 2. 所处阶段 ··· 56
  - 3. 应用状态 ··· 56
  - 4. 未应用或应用后停用影响因素 ·· 58
- 二、财政资助应用技术成果转移转化情况 ······························· 61
  - 1. 转化方式 ··· 61
  - 2. 定价方式 ··· 62
  - 3. 转化收入 ··· 62
  - 4. 应用效果 ··· 62
  - 5. 奖励和报酬情况 ·· 63
  - 6. 政府支持情况 ··· 63
  - 7. 本单位转化政策支持情况 ··· 64
- 三、非财政资助应用技术成果转移转化情况 ···························· 65
  - 1. 转化方式 ··· 65
  - 2. 定价方式 ··· 66
  - 3. 转化收入 ··· 66
  - 4. 应用效果 ··· 66
  - 5. 奖励和报酬情况 ·· 67
  - 6. 政府支持情况 ··· 67
  - 7. 本单位转化政策支持情况 ··· 68
- 四、大专院校和独立科研机构应用技术成果转移转化情况 ········ 69
  - 1. 应用状态 ··· 69
  - 2. 转化方式 ··· 69
  - 3. 转移转化效益 ··· 70
  - 4. 技术转让与许可收入 ··· 71
- 五、企业应用技术成果转移转化情况 ······································· 72
  - 1. 应用状态 ··· 72
  - 2. 转化方式 ··· 72
  - 3. 转移转化效益 ··· 73
  - 4. 技术转让与许可收入 ··· 74

第五部分 科技成果完成单位及完成人

一、成果完成单位情况 ·· 77
   1. 单位构成 ··· 77
   2. 各类型成果完成单位应用技术成果行业分布 ······························· 78
   3. 各类型成果完成单位应用技术成果高新技术领域分布 ····················· 78

二、成果完成人情况 ·· 80
   1. 年龄结构 ··· 81
   2. 学历构成 ··· 81
   3. 职称构成 ··· 82

第六部分 附 录

附表1 2023年全国科技成果登记汇总 ··· 85
附表2 2023年全国登记应用技术成果汇总 ······································· 88
附表3 2022—2023年部门、行业协会、中央企业等登记科技成果统计 ········ 91
附表4 2022—2023年地方登记科技成果统计 ··································· 93
附表5 2022—2023年全国登记科技成果课题来源分布 ························· 95
附表6 2023年东、中、西部地区登记科技成果课题来源比例分布 ············ 96
附表7 2023年主要经济地带登记科技成果课题来源比例分布 ················· 97
附表8 2022—2023年东、中、西部地区登记高新技术成果比例分布 ········· 98
附表9 2022—2023年主要经济地带登记高新技术成果比例分布 ·············· 99
附表10 2022—2023年全国登记高新技术成果比例分布 ······················· 100
附表11 2023年全国登记科技成果应用情况比例分布 ·························· 101
附表12 2023年全国登记科技成果未应用或应用后停用影响因素比例分布 ····· 103
附表13 2023年不同课题来源的科技成果应用情况比例分布 ·················· 105
附表14 2023年不同课题来源的科技成果未应用或应用后停用影响因素比例分布 ··· 106
附表15 2023年不同课题来源的科技成果转化方式比例分布 ·················· 107
附表16 2023年不同课题来源的应用技术成果技术转让情况 ·················· 108
统计说明 ··· 109

第一部分
科技成果总量

第一部分 科技成果总量

2023年，全国科技成果登记工作稳步开展，全年登记科技成果总量持续增加。全国70家科技成果登记机构，覆盖国务院有关管理部门、地方科技管理部门、行业协会及中央企业，共登记科技成果93 406项，涉及成果完成人615 715人次，科技成果经费累计投入11 074.87亿元。登记科技成果质量逐年提升，登记的科技成果共产出190 358项知识产权，其中，已授权专利149 371项，制定技术标准968项。

一、全国登记科技成果总量

2023年，全国登记科技成果总量有所增长，全年共登记科技成果93 406项，同比增长10.77%；基础理论成果和应用技术成果较上年有所增长，增幅分别为27.41%和9.16%（表1-1）。

表1-1 2022—2023年全国登记科技成果数量

科技成果类型	登记数量（项）		
	2022年	2023年	增幅
基础理论成果	8250	10 511	27.41%
应用技术成果	74 438	81 259	9.16%
软科学成果	1636	1636	0
合计	84 324	93 406	10.77%

2019—2023年，全国登记科技成果总量整体呈平稳上升态势，年均增幅为8.04%（图1-1）。

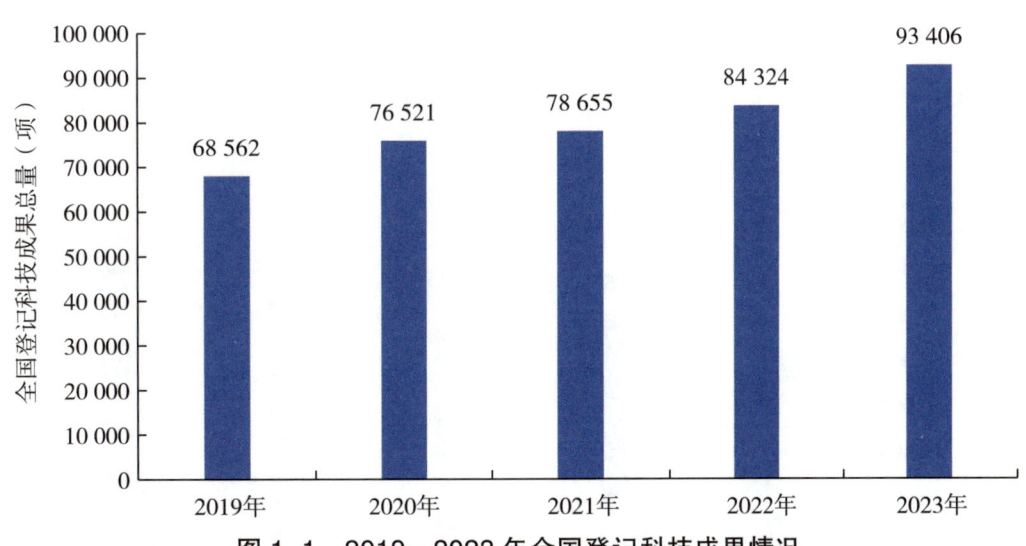

图1-1 2019—2023年全国登记科技成果情况

二、地方登记科技成果总量

2023年，地方登记科技成果共86 183项，占全国登记科技成果总量的92.27%，同比增长11.93%。安徽省、广西壮族自治区、浙江省等地方登记科技成果数量居各地前列（表1-2）。

表1-2　2023年地方登记科技成果数量排名　　　　　　　　　　　　　　　　单位：项

排名	地方	登记数量	排名	地方	登记数量
1	安徽省	23 219	17	北京市	1560
2	广西壮族自治区	7075	17	重庆市	1560
3	浙江省	6933	19	宁夏回族自治区	1249
4	四川省	4087	20	江苏省	1097
5	陕西省	3884	21	湖南省	911
6	河南省	3840	22	上海市	794
7	河北省	3661	23	新疆维吾尔自治区	724
8	山东省	3529	24	吉林省	691
9	湖北省	2558	25	青海省	588
10	甘肃省	2449	26	云南省	495
11	山西省	2383	27	新疆生产建设兵团	217
12	内蒙古自治区	2119	28	福建省	190
13	天津市	2018	29	贵州省	171
14	江西省	1850	30	海南省	167
15	广东省	1736	31	辽宁省	11
16	黑龙江省	1700	32	西藏自治区	0

注：未包括计划单列市、副省级城市数据。

2019—2023年，地方登记科技成果总量呈逐年增长趋势，2023年相比于2019年增长了40.06%（图1-2）。

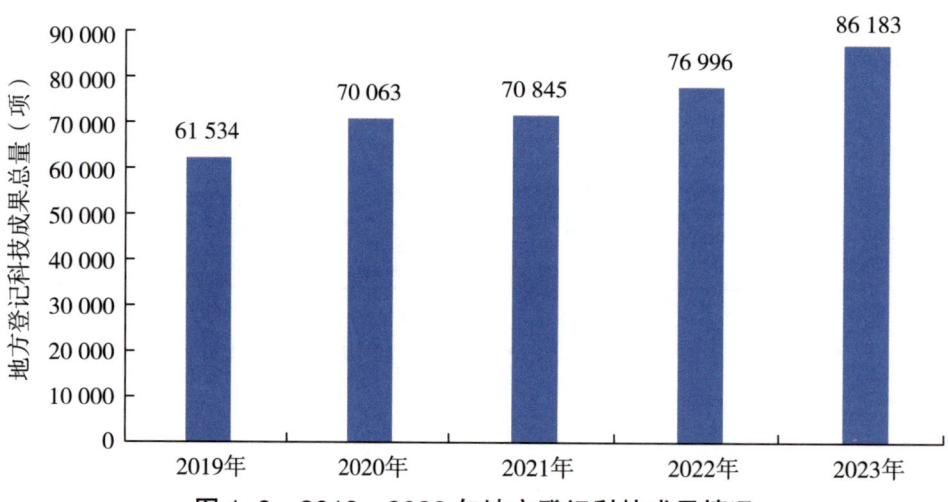

图1-2　2019—2023年地方登记科技成果情况

三、部门登记科技成果总量

2023年，国务院有关部门、行业协会、中央企业登记科技成果总量为7223项（2022年为7328项），同比减少1.43%，占全国登记科技成果总量的7.73%。自然资源部、中国科学院、中国石油天然气集团有限公司等部门登记科技成果数量居各部门前列（表1-3）。

表1-3　2023年部门登记科技成果数量排名　　　　　　　　　　　　　　单位：项

排名	部门	登记数量	排名	部门	登记数量
1	自然资源部	1226	15	中国有色金属工业协会	72
2	中国科学院	1117	16	中国中化控股有限责任公司	65
3	中国石油天然气集团有限公司	1097	16	交通运输部	65
4	中国气象局	679	18	国家烟草专卖局	52
5	海关总署	497	19	中国节能协会	51
6	中国电机工程学会	462	20	中国民用航空局	44
7	国家市场监督管理总局	369	21	中华环保联合会	38
8	中国人民银行	256	22	中国农学会	26
9	中国轻工业联合会	224	22	生态环境部	26
10	中国石油化工集团有限公司	199	22	农业农村部	26
11	中国建筑集团有限公司	185	25	中国中钢集团有限公司	25
12	中国地震局	159	26	中华全国供销合作总社	10
13	工业和信息化部	130	26	中国光学工程学会	10
14	中国机械工业联合会	82	28	中国电器工业协会	7

注：本表未列入中科高技术企业发展评价中心，故表格数据加总与实际不同。

2019—2023年，部门登记科技成果总量有所波动，继2020年下降，2021年出现回升后，2022年、2023年再次下降（图1-3）。

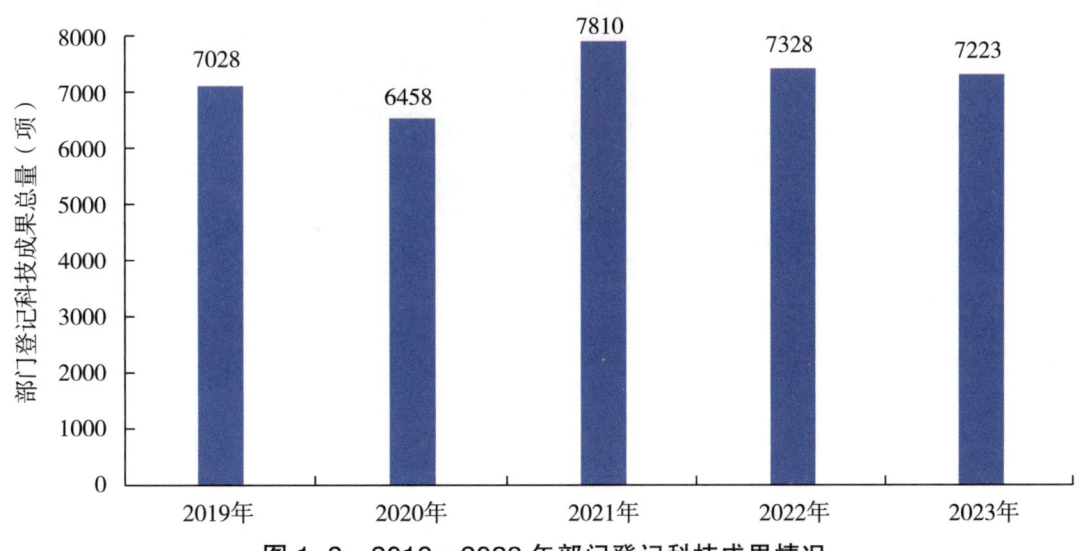

图1-3　2019—2023年部门登记科技成果情况

四、知识产权产出

全国登记科技成果质量逐年提升。2023 年，93 406 项登记的科技成果共产出知识产权 190 358 项，同比增长 1.72%。其中，已授权专利 149 371 项，同比增长 14.13%（表 1-4）。

表 1-4　2022—2023 年全国登记科技成果知识产权产出情况

知识产权类型	数量（项）		增幅
	2022 年	2023 年	
发明专利	107 180	96 239	−10.21%
实用新型专利	52 662	66 758	26.77%
外观设计专利	2339	2201	−5.90%
软件著作权	16 487	15 109	−8.36%
其他	8471	10 051	18.65%
合计	187 139	190 358	1.72%
其中：已授权专利	130 879	149 371	14.13%

从知识产权类型看，发明专利和实用新型专利为主要类型，2023 年分别占知识产权产出总量的 50.56% 和 35.07%（图 1-4）。发明专利数量有所减少，同比减少 10.21%。

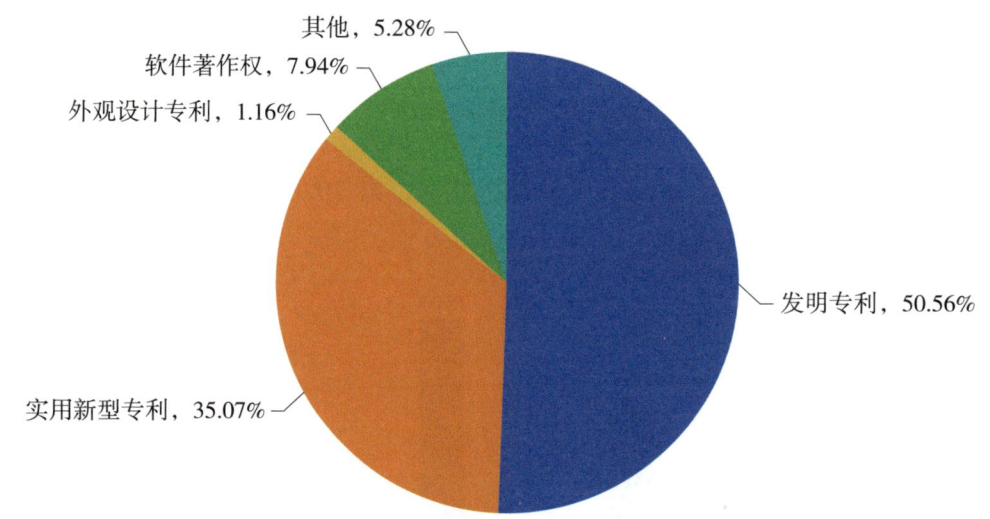

图 1-4　2023 年全国登记科技成果知识产权产出类型分布[①]

---

① 由于数据存在四舍五入，故饼状图加总可能不等于 100%。

五、技术标准产出

技术标准的构成保持稳定。2023年，全国登记的81 259项应用技术成果中，属于技术标准制定的有968项，较上年有所增加，技术标准的构成比例较上年有所不同，但结构整体稳定。其中，地方技术标准最为突出，占比为54.55%；企业技术标准占比为15.91%；国际技术标准占比最低，为1.45%（图1-5）。

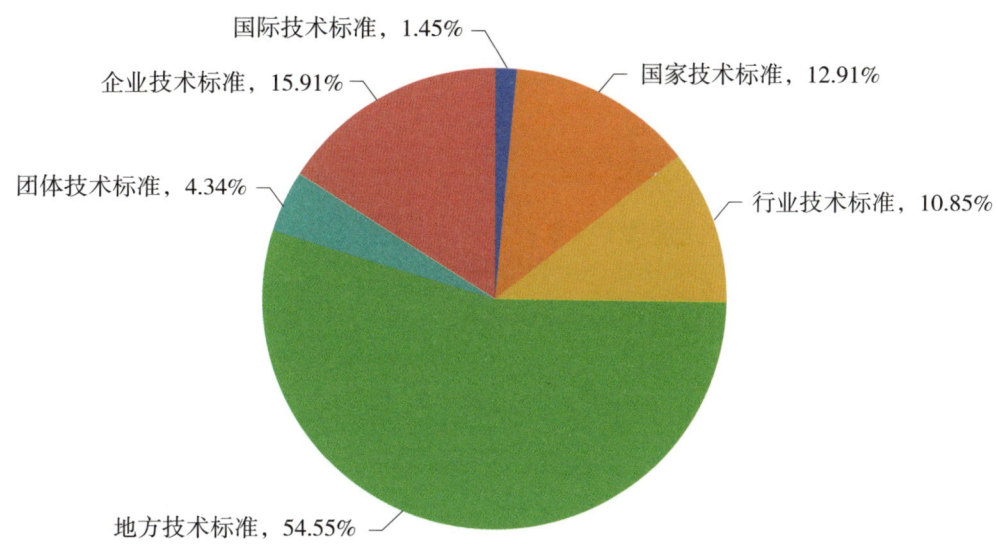

图1-5　2023年全国登记应用技术成果技术标准产出类型分布

第二部分
科技成果分类

一、类型分布

全国登记科技成果类型分布较为稳定。2023年，共登记应用技术成果81 259项，占全国登记科技成果总量的87.00%；登记基础理论成果10 511项，占全国登记科技成果总量的11.25%；登记软科学成果1636项，占全国登记科技成果总量的1.75%（图2-1）。

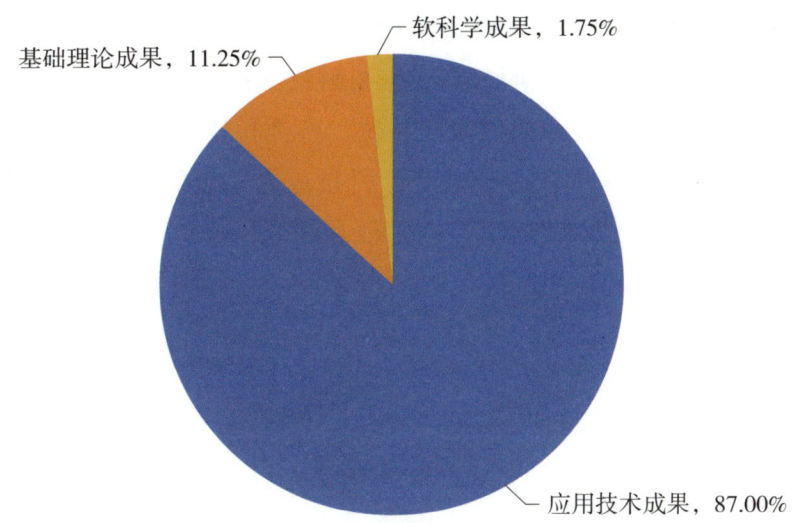

图2-1　2023年全国登记科技成果类型分布

二、课题来源

1. 总体情况

2023 年，全国登记科技成果的课题来源以非财政支持为主。各类科技成果中，来自国家科技计划、部门计划、地方计划、部门基金及地方基金等财政支持的科技成果 36 505 项，占全国登记科技成果总量的 39.08%；来自民间基金、国际合作、横向委托、自选及其他非财政支持的科技成果 56 901 项，占比为 60.92%，明显高于来自财政支持的科技成果数量。

2023 年，自选课题的登记科技成果数量居首位。各类科技成果课题来源中，自选课题登记科技成果数量远高于其他课题来源，占全国登记科技成果总量的 52.79%；其次为地方计划，登记数量占全国登记科技成果总量的 21.29%；其他和国家科技计划占比分别为 7.07% 和 6.97%（图 2-2）。

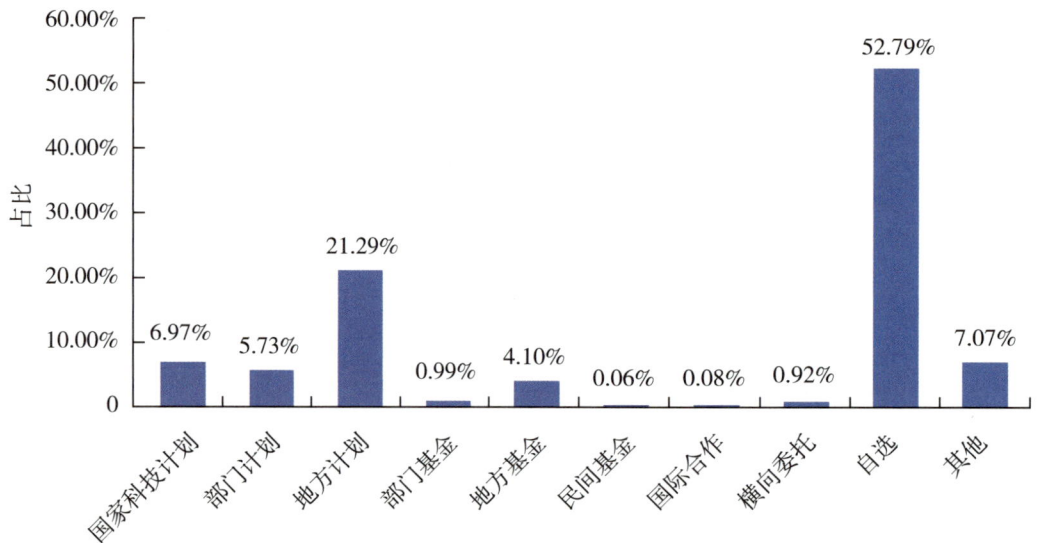

图 2-2　2023 年全国登记科技成果课题来源构成

2. 应用技术成果课题来源

2023 年，全国登记应用技术成果主要来自自选课题。全国登记应用技术成果来自自选课题的比例为 61.03%；地方计划占比为 19.55%；其他、国家科技计划分别占 7.08% 和 4.60%（图 2-3）。

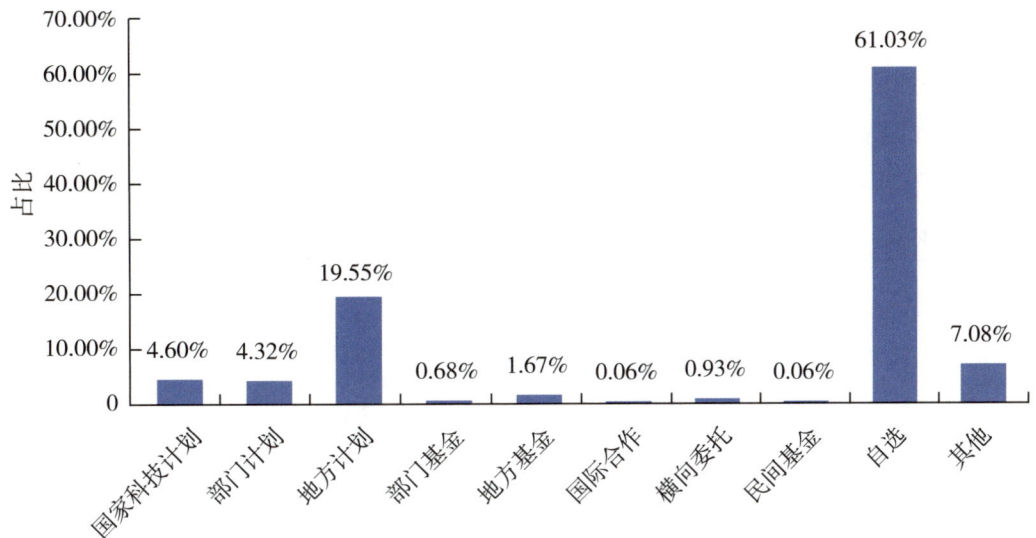

图 2-3　2023 年全国登记应用技术成果课题来源构成

3. 基础理论成果课题来源

2023 年，全国登记基础理论成果的课题来源仍以各类计划（包括国家科技计划、部门计划和地方计划）为主，占比总和达到 63.06%。其中，来自地方计划的科技成果占比达到 33.04%，来自国家科技计划的科技成果占比达到 26.57%（图 2-4）。

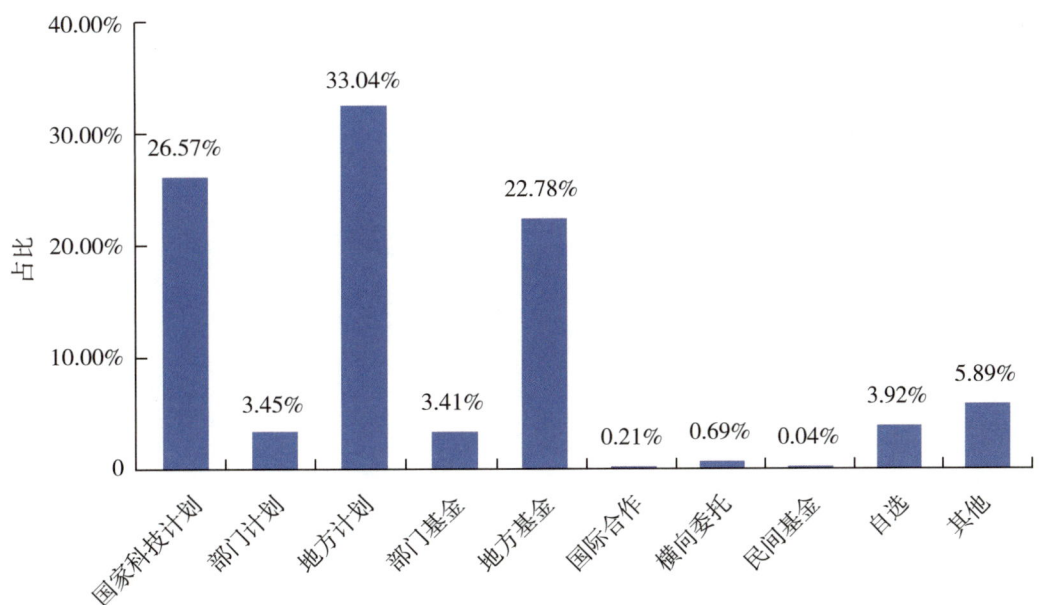

图 2-4　2023 年全国登记基础理论成果课题来源构成

4. 软科学成果课题来源

2023年，从各个地方和部门上报到国家科技成果库的软科学成果统计看，来自各类计划（包括国家科技计划、部门计划和地方计划）的科技成果合计占全国登记软科学成果总量的66.50%，较上年有所减少。来自地方资助（地方计划和地方基金）的科技成果占57.40%；来自部门资助（部门计划和部门基金）的科技成果占14.18%（图2-5）。

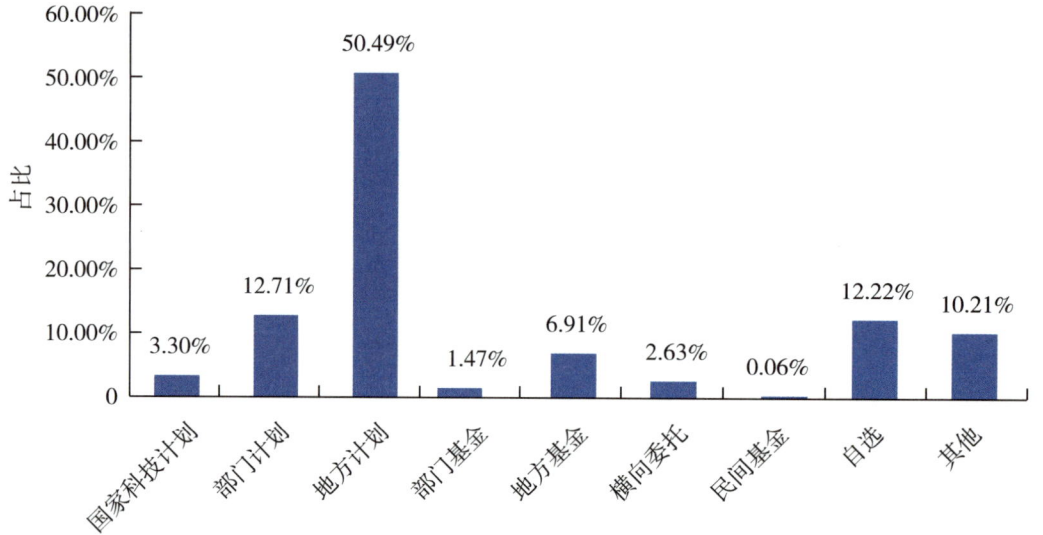

图 2-5　2023 年全国登记软科学成果课题来源构成

三、评价方式

1. 总体情况

2023年，全国登记科技成果评价方式以机构评价和验收为主。以机构评价方式完成的科技成果占比为30.63%；以验收方式完成的科技成果占比达到30.13%；以知识产权授权方式完成的科技成果数量为17 080项，较上年明显增加，占比达到18.29%，增幅达到20.86%（图2-6、表2-1）。

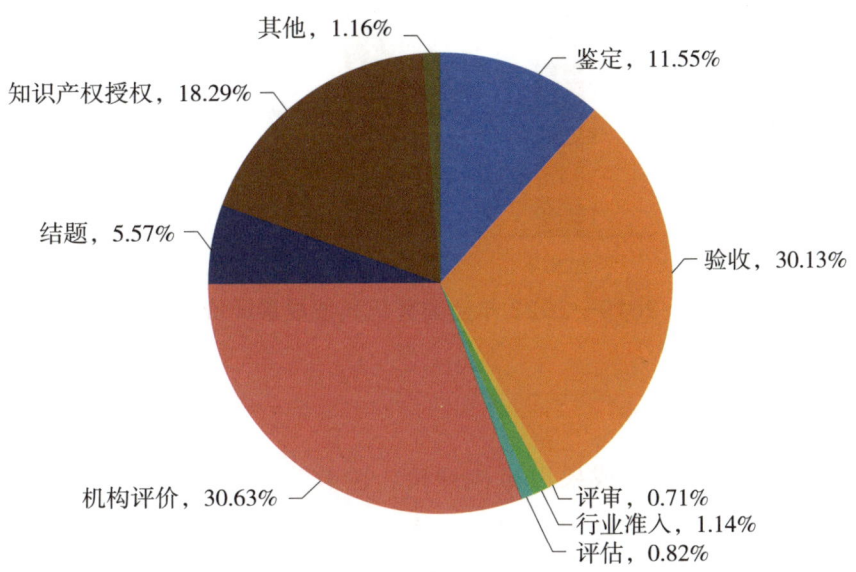

图2-6　2023年全国登记科技成果评价方式分布

表2-1　2022—2023年全国登记科技成果评价方式统计情况

科技成果评价方式	成果数（项）		增幅
	2022年	2023年	
鉴定	10 585	10 785	1.89%
验收	25 379	28 140	10.88%
评审	445	662	48.76%
行业准入	912	1063	16.56%
评估	750	769	2.53%
结题	3365	5206	54.71%
机构评价	27 278	28 613	4.89%
知识产权授权	14 132	17 080	20.86%
其他	1478	1088	−26.39%

注：知识产权授权是指依法获得专利、软件著作权、植物新品种登记、集成电路布图设计等知识产权。

2019—2023年，全国登记科技成果评价方式构成保持稳定，以机构评价和验收为主流方式。2023年，通过机构评价方式登记的科技成果占比最大，达到30.63%，通过验收方式登记的科技成果占比与上年相比基本保持不变，为30.13%；通过知识产权授权方式登记的科技成果占比增长到18.29%。由于鉴定工作逐步取消，通过鉴定方式登记的科技成果占比从2019年的17.30%降至2023年的11.55%（图2-7）。

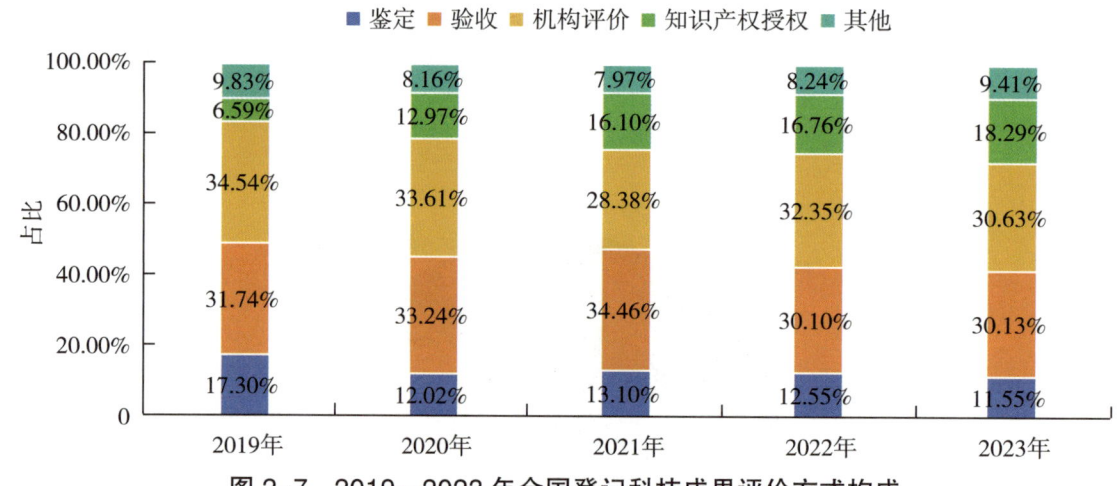

图2-7　2019—2023年全国登记科技成果评价方式构成

2. 应用技术成果评价方式

2023年，全国登记应用技术成果以机构评价、验收为主要评价方式，占比分别为35.36%和26.41%。知识产权授权方式占比为21.39%，较上年增长了1.89个百分点；鉴定方式占比为13.51%，较上年减少了1.11个百分点（图2-8）。

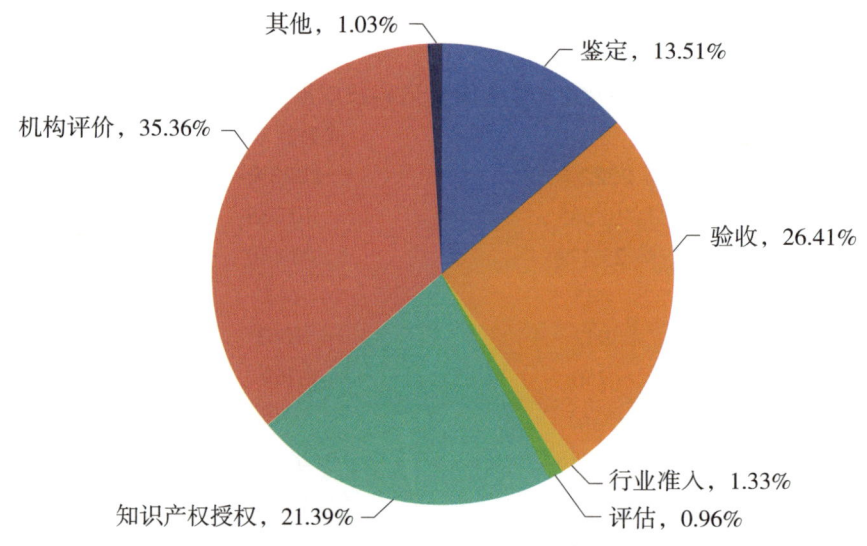

图2-8　2023年全国登记应用技术成果评价方式分布

3. 基础理论成果评价方式

2023年，结题、验收为全国登记基础理论成果的主要评价方式。结题方式占比为47.16%，较上年增长了8.79个百分点；验收方式占比为43.04%；评审方式和机构评价方式所占比例偏低，分别为4.70%和2.50%（图2-9）。

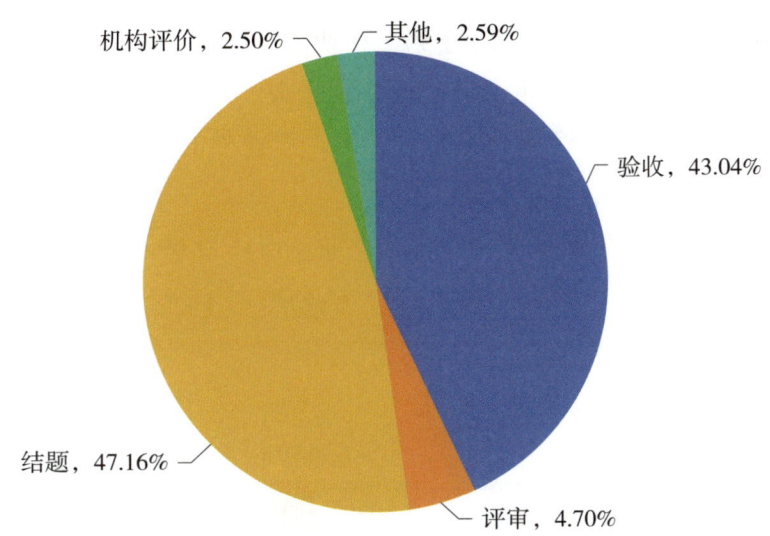

图 2-9　2023年全国登记基础理论成果评价方式分布

4. 软科学成果评价方式

2023年，全国登记软科学成果评价方式以验收为主，占比为64.24%，较上年减少了2.83个百分点；其次为结题方式，占比为15.65%，较上年增长了4.92个百分点；评审和机构评价方式占比分别为9.84%和8.25%，较上年分别增长了2.65个百分点和1.06个百分点（图2-10）。

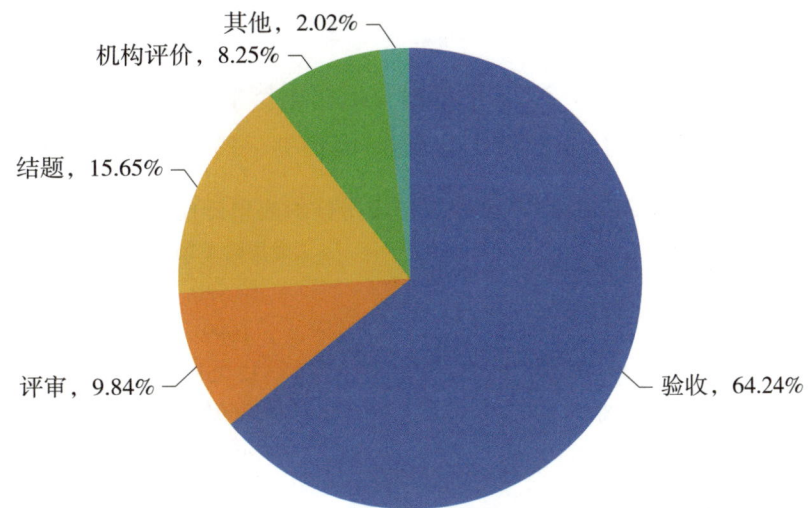

图 2-10　2023年全国登记软科学成果评价方式分布

四、行业分布

1. 总体情况

2023年，地方登记科技成果主要应用于第二产业。按应用产业分类统计，第一产业（农、林、牧、渔业）占13.61%；第二产业（采矿业，制造业，电力、热力、燃气及水的生产和供应业，建筑业）占46.90%；第三产业（除第一、第二产业外的其他行业）的占比达到39.49%（图2-11）。

2023年，部门登记科技成果主要应用于第三产业，占比为69.60%（图2-11）。

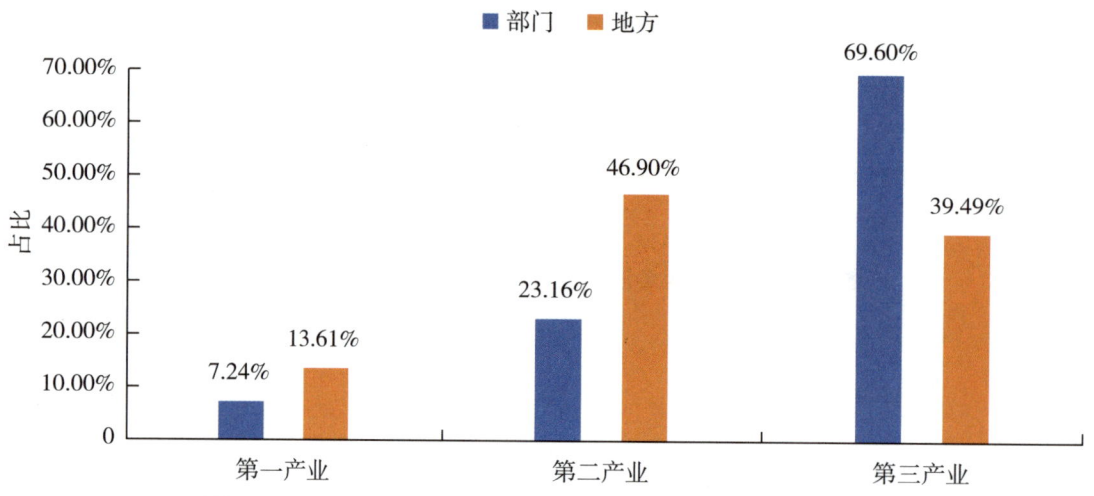

图 2-11　2023年部门和地方登记科技成果所属产业分布

2. 应用技术成果分布

从应用技术成果的行业分布看，2023年全国登记应用技术成果主要集中在制造业，农、林、牧、渔业，卫生和社会工作3个行业，占比分别为40.31%、13.02%和10.59%（表2-2）。

表 2-2　2023年全国登记应用技术成果行业分布

应用行业	成果数（项）	占比
农、林、牧、渔业	10 580	13.02%
采矿业	1689	2.08%
制造业	32 758	40.31%
电力、热力、燃气及水的生产和供应业	2692	3.31%
建筑业	3885	4.78%
批发和零售业	242	0.30%
交通运输、仓储和邮政业	2307	2.84%
住宿和餐饮业	163	0.20%

续表

应用行业	成果数（项）	占比
信息传输、软件和信息技术服务业	6935	8.53%
金融业	318	0.39%
房地产业	96	0.12%
租赁和商务服务业	44	0.05%
科学研究和技术服务业	6541	8.05%
水利、环境和公共设施管理业	2819	3.47%
居民服务、修理和其他服务业	350	0.43%
教育	455	0.56%
卫生和社会工作	8609	10.59%
文化、体育和娱乐业	224	0.28%
公共管理、社会保障和社会组织	547	0.67%
国际组织	5	0.01%
合计	81 259	100.00%

从应用技术成果的产业分布看，2023年第一产业有10 580项，占13.02%；第二产业有41 024项，占50.49%；第三产业有29 655项，占36.49%（图2-12）。

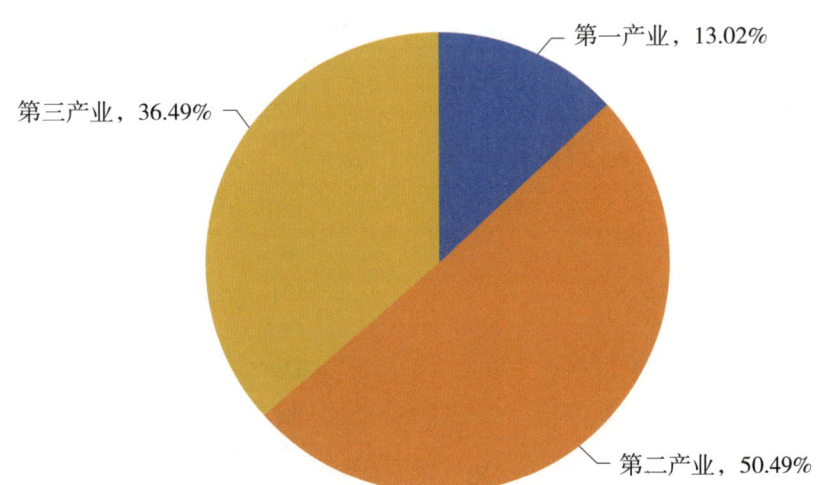

图2-12　2023年全国登记应用技术成果产业分布

从应用技术成果的社会领域和经济领域分布看，2023年地方登记应用技术成果在社会领域和经济领域的占比分别为21.60%和78.40%，明显聚焦在经济领域，且所占比例与2022年基本相同（图2-13）。

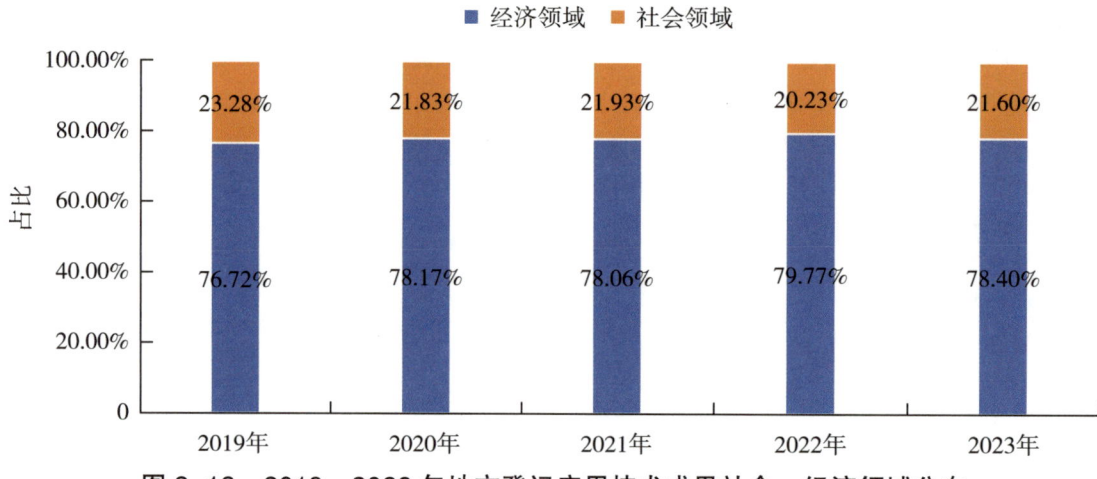

图 2-13　2019—2023 年地方登记应用技术成果社会、经济领域分布

3. 基础理论成果分布

2023 年，登记到国家科技成果库的基础理论成果主要应用于卫生和社会工作，科学研究和技术服务业，农、林、牧、渔业 3 个行业，占比分别为 32.75%、32.03% 和 14.58%（表 2-3）。

表 2-3　2023 年基础理论成果行业分布

应用行业	成果数（项）	占比
农、林、牧、渔业	1525	14.58%
采矿业	192	1.84%
制造业	391	3.74%
电力、热力、燃气及水的生产和供应业	155	1.48%
建筑业	140	1.34%
批发和零售业	6	0.06%
交通运输、仓储和邮政业	121	1.16%
住宿和餐饮业	5	0.05%
信息传输、软件和信息技术服务业	339	3.24%
金融业	12	0.11%
房地产业	2	0.02%
租赁和商务服务业	7	0.07%
科学研究和技术服务业	3351	32.03%
水利、环境和公共设施管理业	484	4.63%
居民服务、修理和其他服务业	8	0.08%
教育	182	1.74%
卫生和社会工作	3426	32.75%
文化、体育和娱乐业	44	0.42%
公共管理、社会保障和社会组织	71	0.68%
国际组织	1	0.01%
合计	10 462	100.00%

注：数据来源于 2023 年度登记到国家科技成果库的基础理论成果，登记到国家科技成果库的科技成果来自全国登记的科技成果，其数量小于或等于全国登记科技成果数量。

按产业分布进行统计，2023年基础理论成果主要分布在第三产业，占比为77.03%；第二产业占比较低，仅为8.39%（图2-14）。

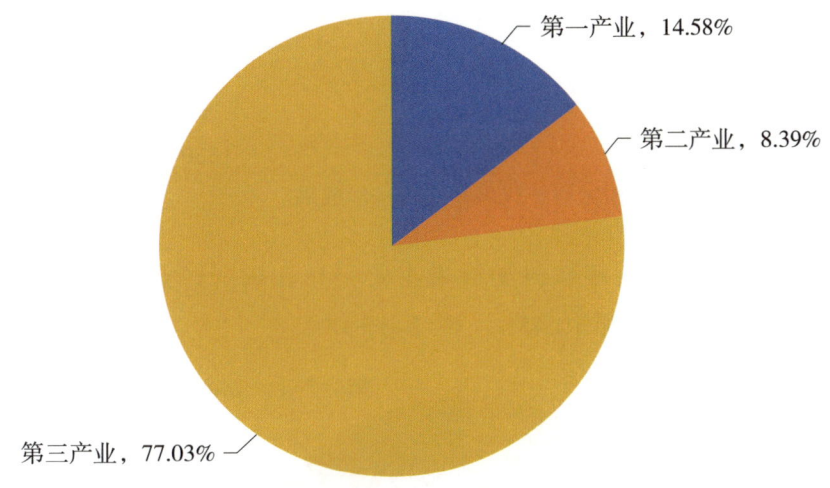

图2-14　2023年基础理论成果产业分布

4. 软科学成果分布

2023年，登记到国家科技成果库的软科学成果主要应用于科学研究和技术服务业，卫生和社会工作，公共管理、社会保障和社会组织3个行业，占比分别为28.00%、19.01%和10.15%（表2-4）。

表2-4　2023年软科学成果行业分布

应用行业	成果数（项）	占比
农、林、牧、渔业	139	8.50%
采矿业	34	2.08%
制造业	71	4.34%
电力、热力、燃气及水的生产和供应业	30	1.83%
建筑业	36	2.20%
批发和零售业	2	0.12%
交通运输、仓储和邮政业	61	3.73%
住宿和餐饮业	2	0.12%
信息传输、软件和信息技术服务业	66	4.03%
金融业	22	1.34%
房地产业	6	0.37%
租赁和商务服务业	6	0.37%
科学研究和技术服务业	458	28.00%
水利、环境和公共设施管理业	128	7.82%
居民服务、修理和其他服务业	1	0.06%
教育	57	3.48%

续表

应用行业	成果数（项）	占比
卫生和社会工作	311	19.01%
文化、体育和娱乐业	37	2.26%
公共管理、社会保障和社会组织	166	10.15%
国际组织	3	0.18%
合计	1636	100.00%

注：数据来源于2023年度登记到国家科技成果库的软科学成果。

按产业分布进行统计，2023年软科学成果主要分布在第三产业，占比为81.05%；第一产业和第二产业占比分别为8.50%和10.45%（图2-15）。

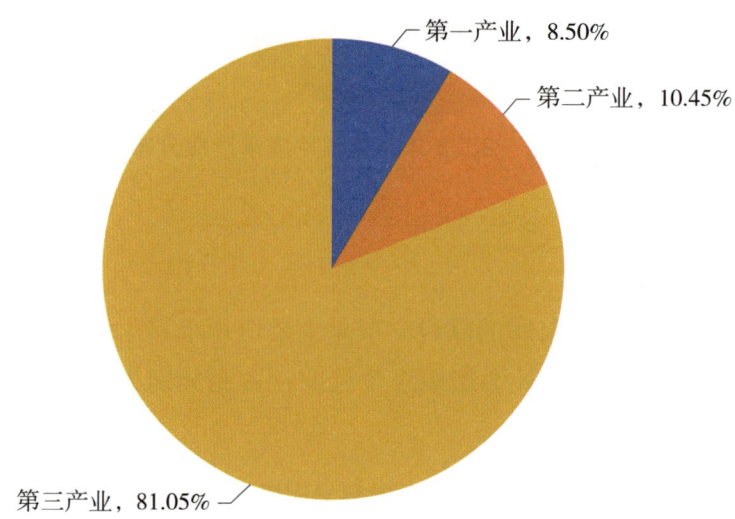

图2-15　2023年软科学成果产业分布

五、高新技术领域成果分布

2023年，全国登记应用技术成果中，高新技术领域应用技术成果达到52 884项，占应用技术成果总量的65.08%。应用技术成果主要分布在五大高新技术领域，依次是先进制造（26.44%）、电子信息（17.33%）、新材料（13.78%）、现代农业（12.65%）和生物医药与医疗器械（11.67%）。五大领域应用技术成果占高新技术领域应用技术成果总量的81.87%（图2-16）。

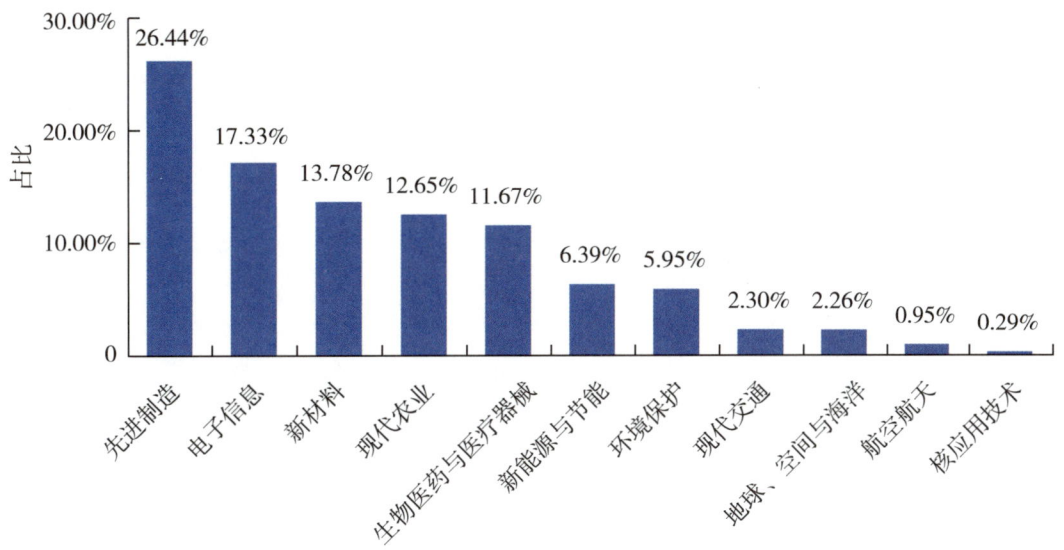

图2-16　2023年全国登记应用技术成果高新技术领域分布

2023年，全国登记高新技术成果中，自然、生态、环境领域的应用技术成果占26.26%；非自然、生态、环境领域的应用技术成果占73.74%，与上年相比呈下降趋势（附表10）。

第三部分
科技成果区域分布

一、总体区域分布

按东、中、西部地区划分，3个地区登记的科技成果数量均进一步增长。2023年，东部地区科技成果产出较上年小幅上升，登记科技成果24 375项，同比增长5.86%，占地方登记科技成果总量的28.28%；中部地区登记科技成果37 174项，同比增长11.61%，占地方登记科技成果总量的43.13%；西部地区登记科技成果24 634项，同比增长19.22%，占地方登记科技成果总量的28.58%（表3-1、图3-1）。

表3-1 2022—2023年地方登记科技成果地区分布

地区	成果数（项）		
	2022年	2023年	增幅
东部地区	23 026	24 375	5.86%
中部地区	33 307	37 174	11.61%
西部地区	20 663	24 634	19.22%

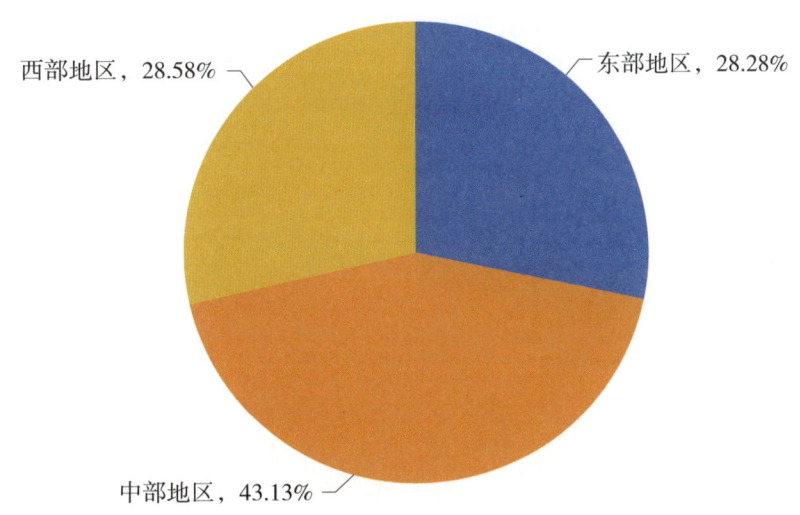

图3-1 2023年地方登记科技成果地区分布

按主要经济地带划分，东北地区、京津冀地区和长三角地区实现登记科技成果数量的增长。2023年，东北地区登记科技成果2457项，同比增长41.86%；京津冀地区登记科技成果7239项，同比增长37.26%；长三角地区登记科技成果9708项，同比增长1.08%；珠三角地区出现下降（表3-2）。

表 3-2 2022—2023 年地方登记科技成果主要经济地带分布

主要经济地带	成果数（项）		增幅
	2022 年	2023 年	
京津冀地区	5274	7239	37.26%
长三角地区	9604	9708	1.08%
珠三角地区	3505	2317	−33.89%
东北地区	1732	2457	41.86%

二、东部地区

2023年,东部地区参与登记的地方共有18个,登记科技成果24 375项。其中,登记科技成果数量排名前三的分别是浙江省、河北省和山东省,登记科技成果分别为6933项、3661项和3529项。

1. 成果来源构成

2023年,东部地区登记的科技成果中,课题来源仍以各级财政支持的各类计划(包括国家科技计划、部门计划和地方计划)为主,占比为50.25%。其中,由地方计划资助的科技成果登记数量占东部地区登记科技成果总量的32.19%,远高于国家科技计划和部门计划资助的科技成果占比。部门基金和地方基金资助的科技成果登记数量明显减少,减幅分别为17.19%和16.79%(表3-3、图3-2)。

表3-3 2022—2023年东部地区登记科技成果课题来源

课题来源	成果数(项)		增幅
	2022年	2023年	
国家科技计划	2431	2743	12.83%
部门计划	1448	1659	14.57%
地方计划	8822	7847	−11.05%
部门基金	320	265	−17.19%
地方基金	1090	907	−16.79%
民间基金	8	13	62.50%
国际合作	16	23	43.75%
横向委托	267	253	−5.24%
自选	5933	6858	15.59%
其他	2691	3807	41.47%
合计	23 026	24 375	5.86%

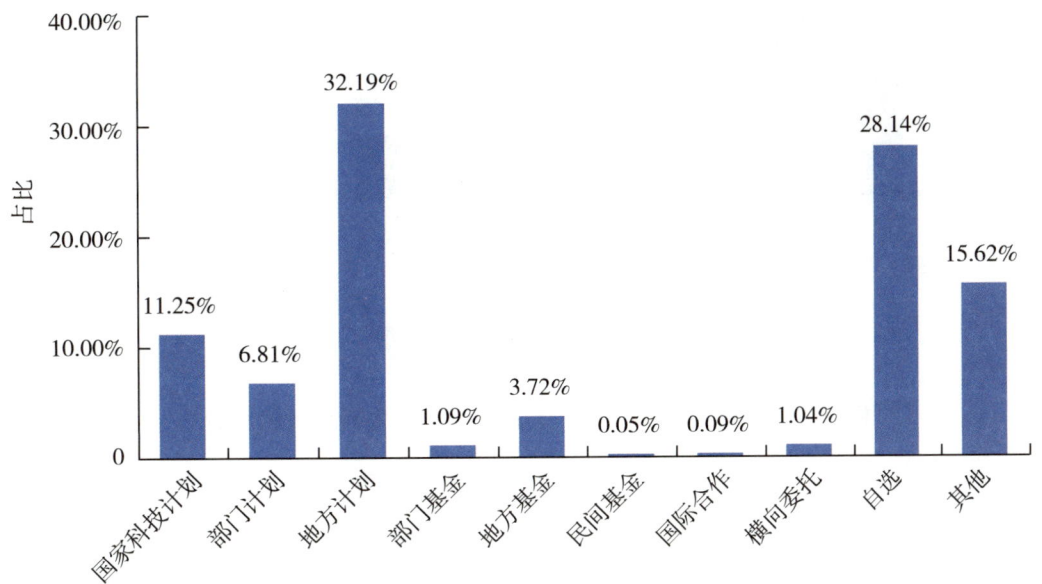

图3-2 2023年东部地区登记科技成果课题来源构成

2. 高新技术领域分布

2023年，东部地区共登记高新技术领域科技成果14 902项，同比增长0.43%（表3-4）。

表3-4 2022—2023年东部地区登记高新技术领域科技成果数量

高新技术领域		成果数（项）		
		2022年	2023年	增幅
自然、生态、环境领域	生物医药与医疗器械	2114	2262	7.00%
	新能源与节能	960	953	−0.73%
	环境保护	852	836	−1.88%
	地球、空间与海洋	447	420	−6.04%
非自然、生态、环境领域	电子信息	1636	1602	−2.08%
	先进制造	3903	4100	5.05%
	航空航天	111	101	−9.01%
	现代交通	353	409	15.86%
	新材料	3134	2990	−4.59%
	核应用技术	53	65	22.64%
	现代农业	1275	1164	−8.71%
合计		14 838	14 902	0.43%

2023年，从技术领域分布看，东部地区先进制造领域登记科技成果数量最多，占比为27.51%；其次是新材料领域和生物医药与医疗器械领域，登记科技成果数量占比分别为20.06%和15.18%（图3-3）。

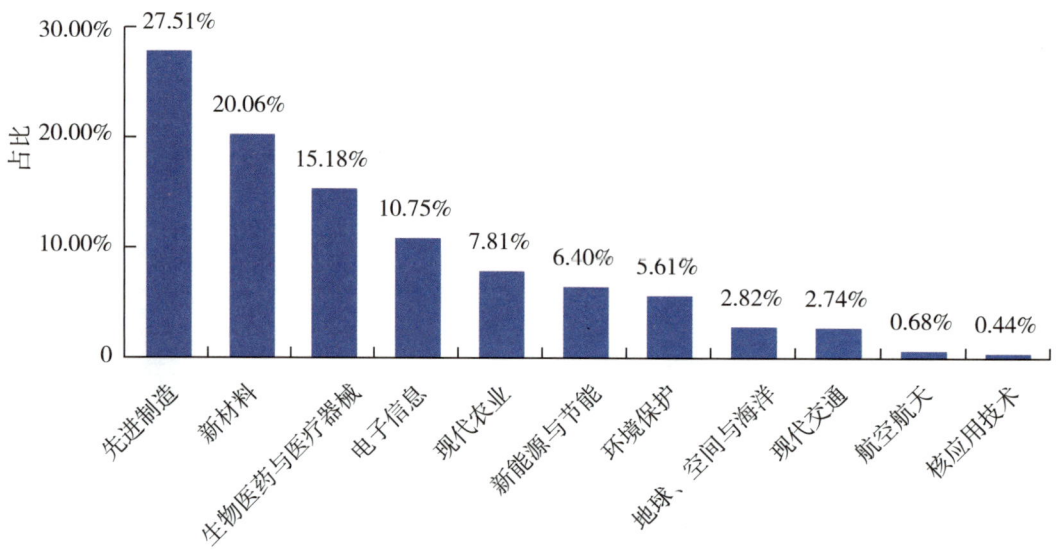

图3-3 2023年东部地区登记科技成果高新技术领域分布

2023年，东部地区登记的高新技术成果中，非自然、生态、环境领域科技成果占比为69.99%，较上年减少0.54个百分点（附表8）。

3. 应用技术成果转化应用状态

2023年，东部地区登记的应用技术成果中，产业化应用的占比最高，为56.13%，小批量或小范围应用的占比为29.22%，试用的占比为8.86%，未应用的占比为5.76%（图3-4）。

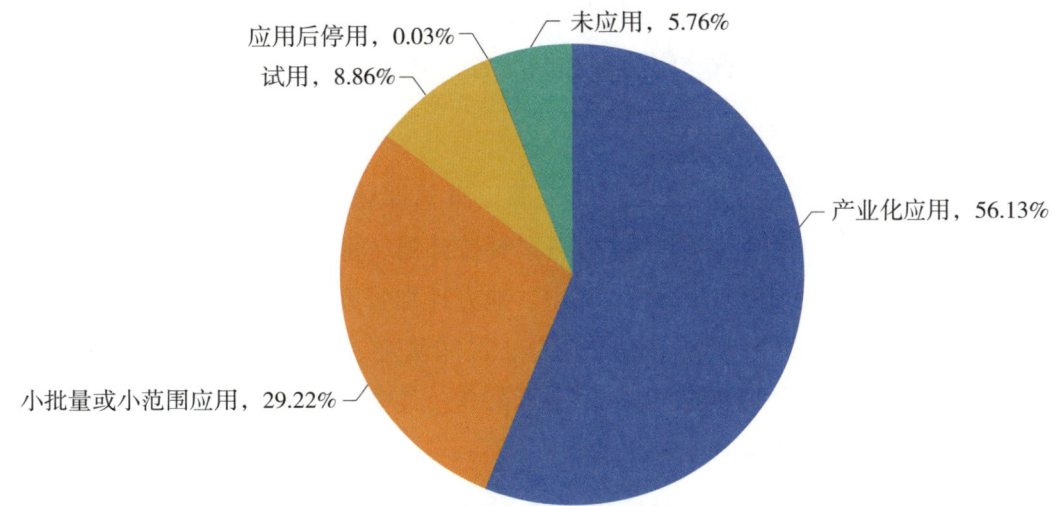

图3-4　2023年东部地区登记应用技术成果应用状态

通过对东部地区登记应用技术成果的应用效果抽样分析，2023年20 861项科技成果中，落后技术、工艺、装备的替代的占比为38.26%，较上年减少了0.49个百分点；填补国内空白的占比为26.90%；进口替代的占比仅为8.84%（图3-5）。

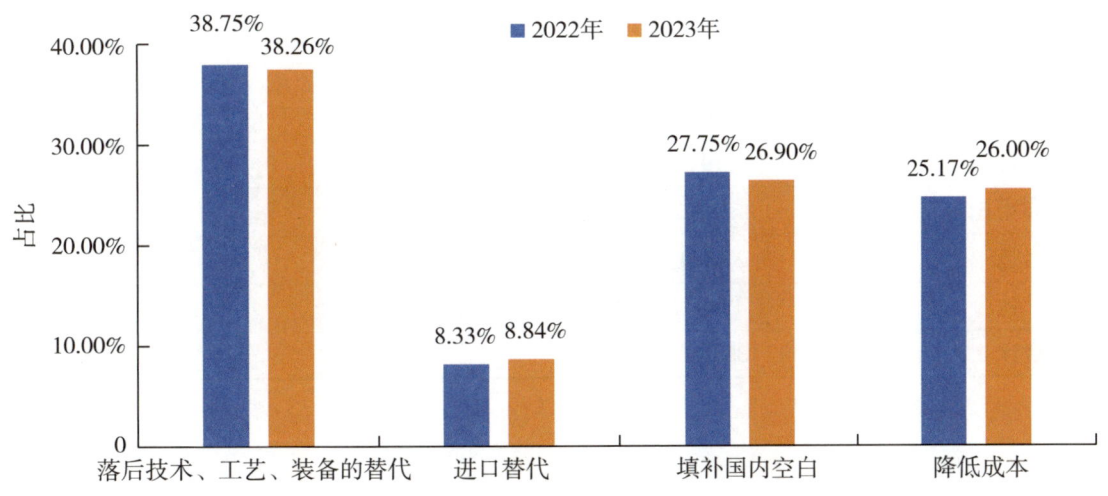

图3-5　2022—2023年东部地区登记应用技术成果应用效果

三、中部地区

2023年，中部地区参与登记的地方共有10个，登记科技成果37 174项。其中，登记科技成果数量排名前三的分别是安徽省、河南省和湖北省，分别为23 219项、3840项和2558项。

1. 成果来源构成

2023年，中部地区登记的科技成果课题来源以自选课题为主，登记数量为29 717项，占比高达79.94%；财政支持的各类计划（包括国家科技计划、部门计划和地方计划）资助的科技成果登记数量共4995项，占比为13.44%，其中，地方计划资助的科技成果登记数量为3642项，占比为9.80%，居第2位；部门基金、地方基金、民间基金、国际合作、横向委托和其他课题来源资助的科技成果登记数量为2462项，仅占6.62%，其中，由民间基金资助的科技成果登记数量明显增加，增幅为150.00%（表3-5、图3-6）。

表3-5 2022—2023年中部地区登记科技成果课题来源

课题来源	成果数（项）		增幅
	2022年	2023年	
国家科技计划	861	700	-18.70%
部门计划	525	653	24.38%
地方计划	2567	3642	41.88%
部门基金	137	212	54.74%
地方基金	832	854	2.64%
民间基金	10	25	150.00%
国际合作	19	23	21.05%
横向委托	183	209	14.21%
自选	27 584	29 717	7.73%
其他	589	1139	93.38%
合计	33 307	37 174	11.61%

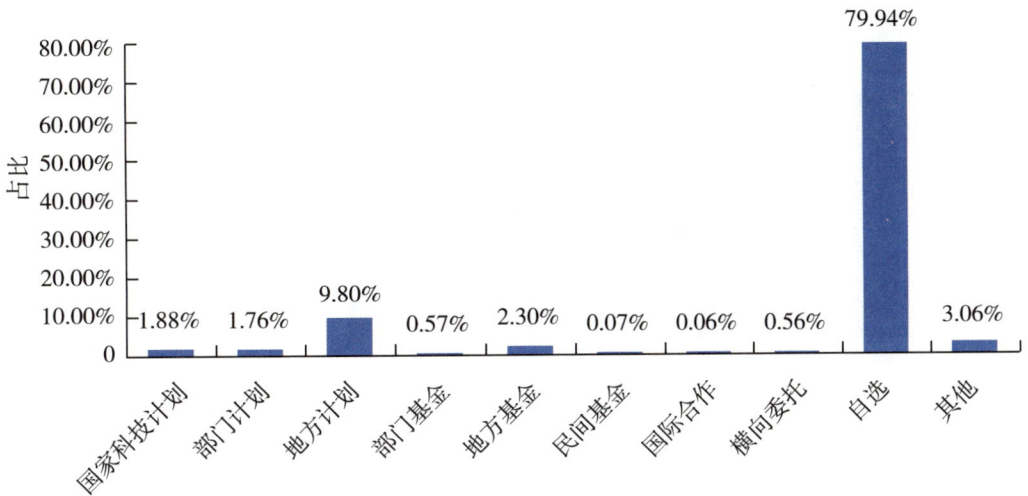

图 3-6　2023 年中部地区登记科技成果课题来源构成

2. 高新技术领域分布

2023 年，中部地区共登记高新技术领域科技成果 21 107 项，同比增长 7.30%。从技术领域分布看，中部地区仍以先进制造领域登记科技成果数量最多，同比减少 2.09%，占比为 31.90%；其次是电子信息领域，登记科技成果数量同比增长 12.92%，占比为 19.67%（表 3-6、图 3-7）。

表 3-6　2022—2023 年中部地区登记高新技术领域科技成果数量

高新技术领域		成果数（项）		
		2022 年	2023 年	增幅
自然、生态、环境领域	生物医药与医疗器械	1727	2010	16.39%
	新能源与节能	1151	1284	11.56%
	环境保护	984	1123	14.13%
	地球、空间与海洋	144	192	33.33%
非自然、生态、环境领域	电子信息	3676	4151	12.92%
	先进制造	6878	6734	-2.09%
	航空航天	188	151	-19.68%
	现代交通	352	292	-17.05%
	新材料	2734	2958	8.19%
	核应用技术	23	15	-34.78%
	现代农业	1814	2197	21.11%
合计		19 671	21 107	7.30%

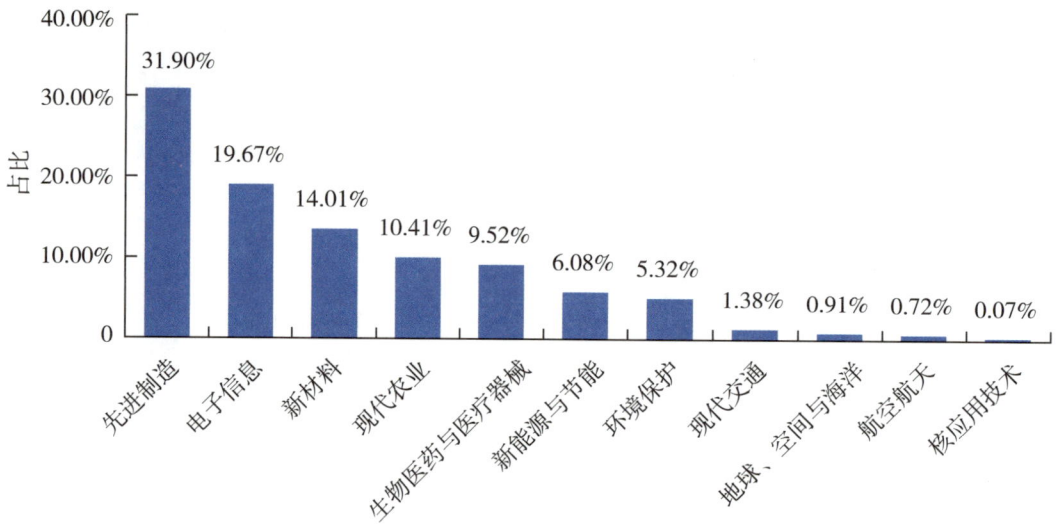

图 3-7 2023 年中部地区登记科技成果高新技术领域分布

2023 年,中部地区登记的高新技术成果中,非自然、生态、环境领域科技成果占比为 78.16%,比上年减少 1.49 个百分点（附表 8）。

3. 应用技术成果转化应用状态

2023 年,中部地区登记的应用技术成果中,产业化应用的占比为 45.80%,小批量或小范围应用的占比为 30.96%,未应用的占比为 13.87%,试用的占比为 9.22%（图 3-8）。

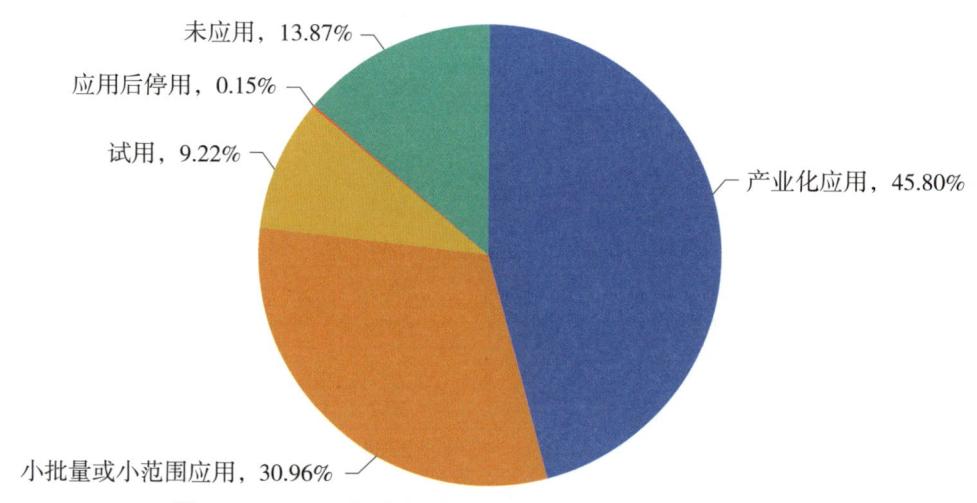

图 3-8 2023 年中部地区登记应用技术成果应用状态

通过对中部地区登记应用技术成果的应用效果抽样分析,2023 年 35 212 项科技成果中,落后技术、工艺、装备的替代的占比为 67.56%,较上年增长 2.67 个百分点（图 3-9）。

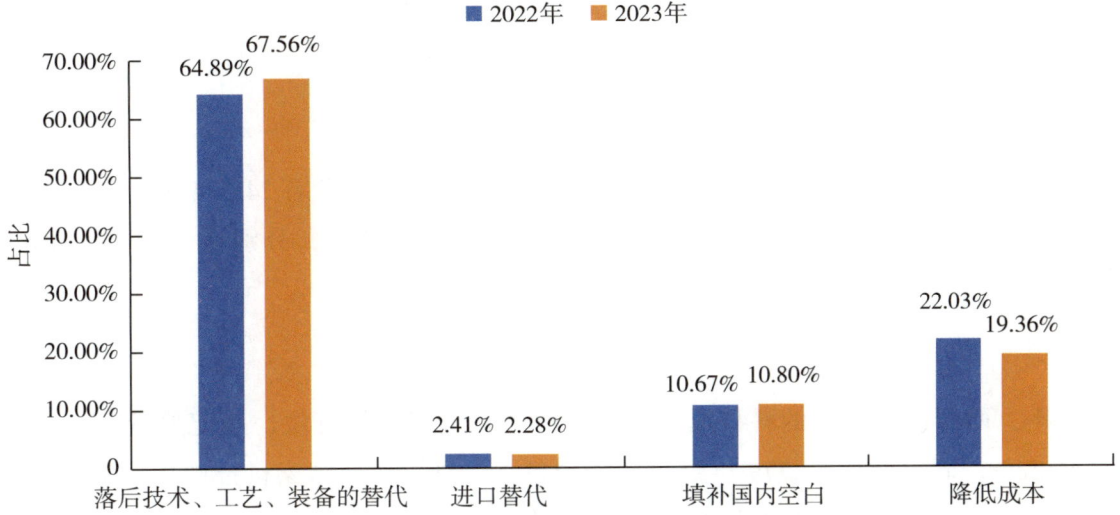

图 3-9　2022—2023 年中部地区登记应用技术成果应用效果

四、西部地区

2023年，西部地区参与登记的地方共有13个，登记科技成果24 634项。其中，登记科技成果数量排名前三的分别是广西壮族自治区、四川省和陕西省，分别为7075项、4087项和3884项。

1. 成果来源构成

2023年，西部地区登记的科技成果课题来源中自选课题居首位，登记数量为11 386项，占比为46.22%，同比增长10.77%。财政支持的各类计划（包括国家科技计划、部门计划和地方计划）资助的科技成果登记数量约占四成，其中，地方计划资助的科技成果登记数量为7894项，占比为32.05%，同比增长18.51%（表3-7、图3-10）。

表3-7　2022—2023年西部地区登记科技成果课题来源

课题来源	成果数（项）		增幅
	2022年	2023年	
国家科技计划	1442	1520	5.41%
部门计划	637	750	17.74%
地方计划	6661	7894	18.51%
部门基金	262	336	28.24%
地方基金	586	1904	224.91%
民间基金	10	11	10.00%
国际合作	16	18	12.50%
横向委托	121	172	42.15%
自选	10 279	11 386	10.77%
其他	649	643	−0.92%
合计	20 663	24 634	19.22%

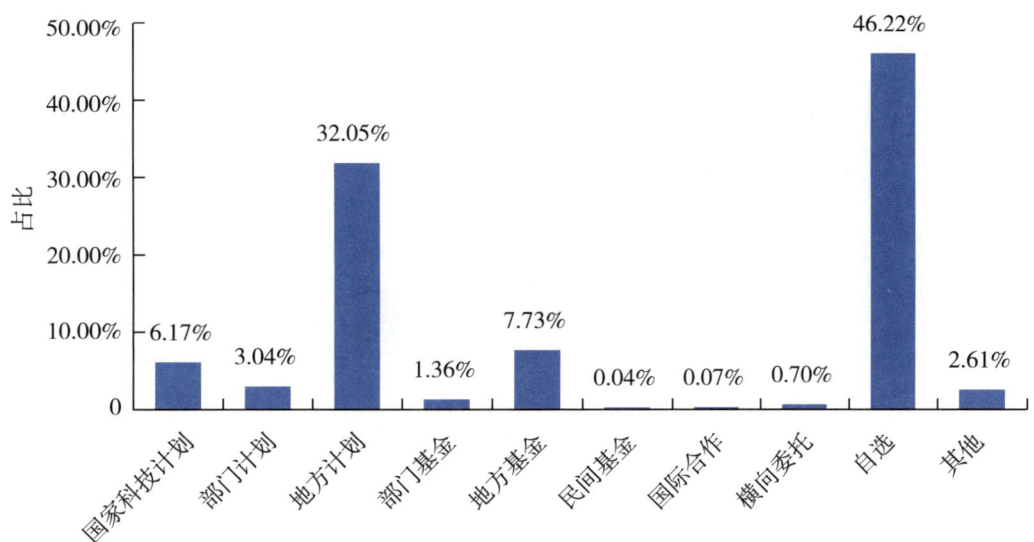

图 3-10　2023 年西部地区登记科技成果课题来源构成

2. 高新技术领域分布

2023 年，西部地区共登记高新技术领域科技成果 15 023 项，同比增长 7.90%。除生物医药与医疗器械外，各类高新技术领域登记的科技成果数量较上一年均有所增加。其中，现代交通领域登记科技成果数量增幅居首位，同比增长 63.89%。从技术领域分布看，现代农业领域登记科技成果数量最多，为 3185 项，占比为 21.20%；电子信息领域和先进制造领域登记科技成果数量分别居第 2 位和第 3 位，占比分别为 20.58% 和 19.28%（表 3-8、图 3-11）。

表 3-8　2022—2023 年西部地区登记高新技术领域科技成果数量

高新技术领域		成果数（项）		
		2022 年	2023 年	增幅
自然、生态、环境领域	生物医药与医疗器械	1909	1798	-5.81%
	新能源与节能	712	822	15.45%
	环境保护	912	987	8.22%
	地球、空间与海洋	208	279	34.13%
非自然、生态、环境领域	电子信息	2663	3092	16.11%
	先进制造	2787	2897	3.95%
	航空航天	193	220	13.99%
	现代交通	288	472	63.89%
	新材料	1069	1219	14.03%
	核应用技术	32	52	62.50%
	现代农业	3150	3185	1.11%
合计		13 923	15 023	7.90%

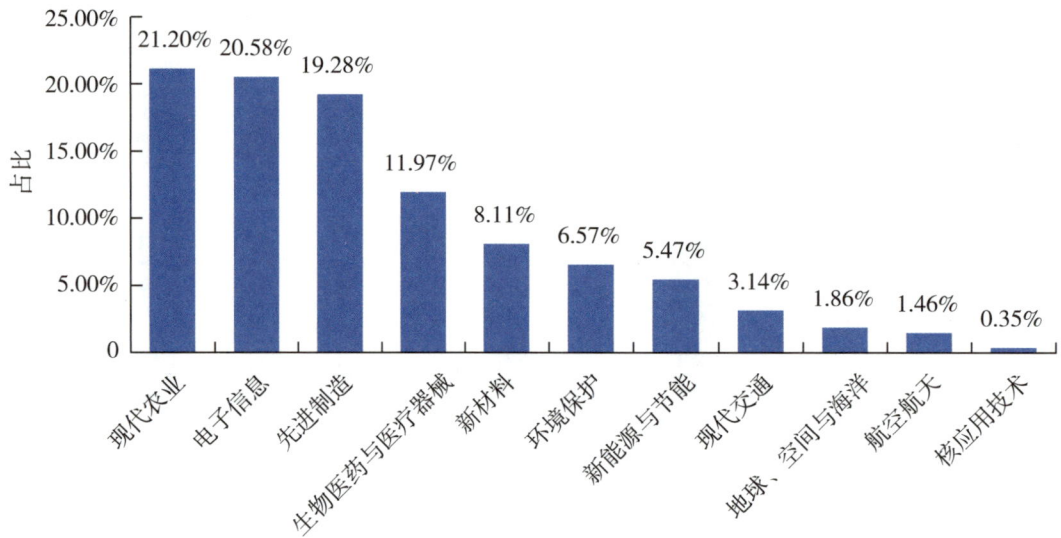

图 3-11　2023 年西部地区登记科技成果高新技术领域分布

2023 年，西部地区登记的高新技术成果中，非自然、生态、环境领域科技成果占比为 74.12%，较上年增长 0.98 个百分点（附表 8）。

3. 应用技术成果转化应用状态

2023 年，西部地区登记的应用技术成果中，小批量或小范围应用的占比最高，为 38.35%，产业化应用的占比为 36.21%，未应用的占比为 13.21%，试用的占比为 12.07%（图 3-12）。

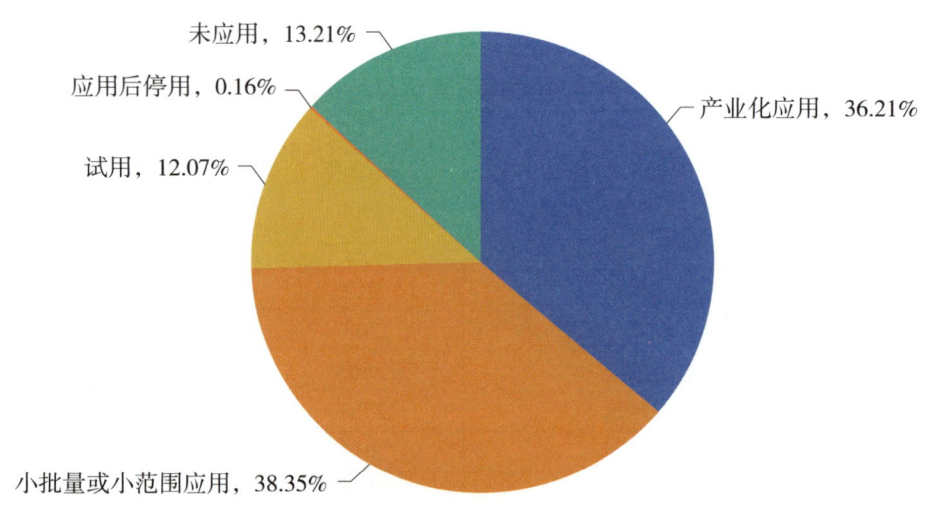

图 3-12　2023 年西部地区登记应用技术成果应用状态

通过对西部地区登记应用技术成果的应用效果抽样分析，2023 年 19 344 项科技成果中，落后技术、工艺、装备的替代的占比为 50.68%，较上年增长 8.31 个百分点；降低成本的占比为 26.95%（图 3-13）。

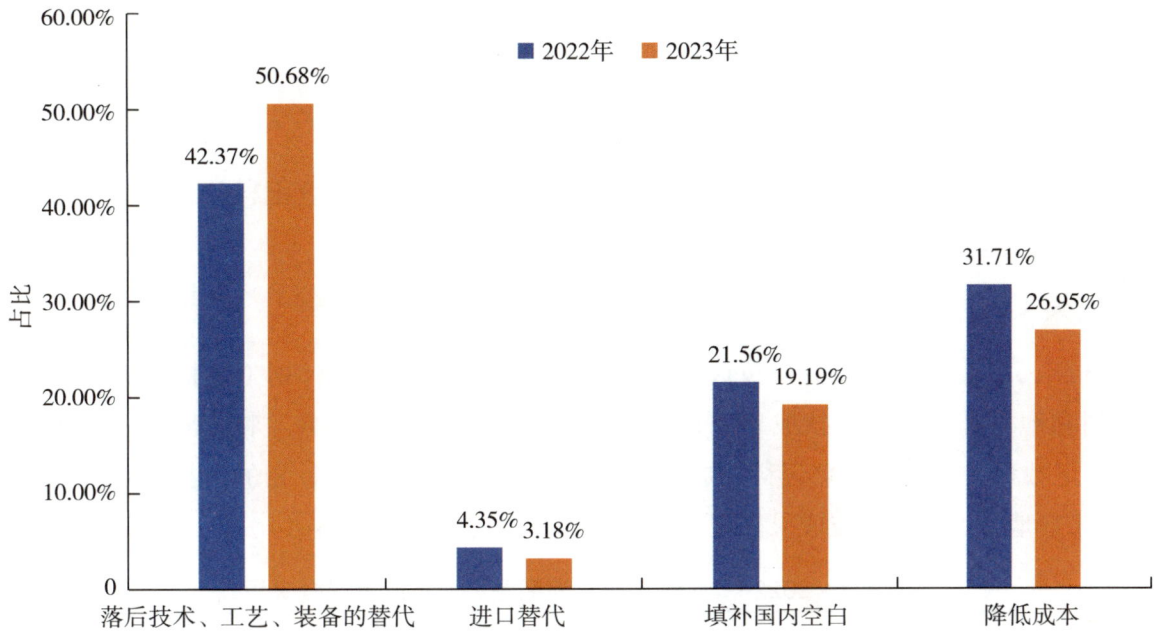

图 3-13 2022—2023 年西部地区登记应用技术成果应用效果

五、东北地区

2023年,东北地区共登记科技成果2457项。其中,黑龙江省登记科技成果数量最多,接近东北地区登记科技成果总量的70%。

1. 成果来源构成

2023年,东北地区登记的科技成果中,来自财政支持的各类计划(包括国家科技计划、部门计划和地方计划)的科技成果登记数量所占比例近六成。其中,来自国家科技计划的科技成果登记数量占东北地区登记科技成果总量的5.33%,来自部门计划的科技成果登记数量占4.84%,来自地方计划的科技成果登记数量占47.33%(表3-9、图3-14)。

表3-9 2022—2023年东北地区登记科技成果课题来源

课题来源	成果数(项)		增幅
	2022年	2023年	
国家科技计划	127	131	3.15%
部门计划	108	119	10.19%
地方计划	737	1163	57.80%
部门基金	24	45	87.50%
地方基金	375	472	25.87%
民间基金	2	0	-100.00%
国际合作	2	2	0.00%
横向委托	22	25	13.64%
自选	277	441	59.21%
其他	58	59	1.72%
合计	1732	2457	41.86%

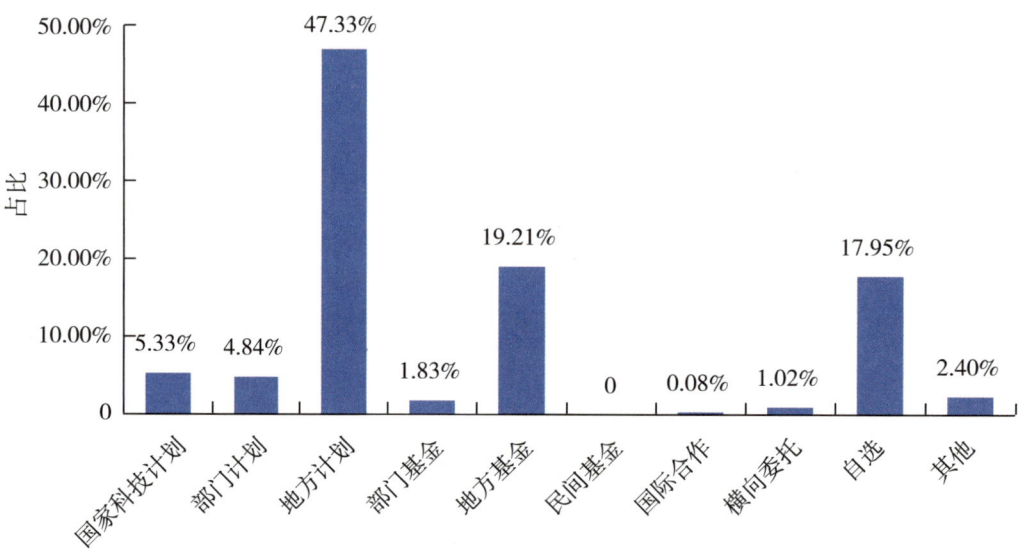

图3-14 2023年东北地区登记科技成果课题来源构成

2. 高新技术领域分布

2023年，东北地区共登记高新技术领域科技成果1226项。从技术领域分布看，东北地区登记的高新技术领域科技成果主要集中在生物医药与医疗器械领域和现代农业领域，占比分别为41.35%和29.45%；其他领域登记的科技成果数量及占比相对较少（表3-10、图3-15）。

表3-10 2022—2023年东北地区登记高新技术领域科技成果数量

高新技术领域		成果数（项）		
		2022年	2023年	增幅
自然、生态、环境领域	生物医药与医疗器械	370	507	37.03%
	新能源与节能	32	25	−21.88%
	环境保护	41	52	26.83%
	地球、空间与海洋	13	20	53.85%
非自然、生态、环境领域	电子信息	83	76	−8.43%
	先进制造	144	85	−40.97%
	航空航天	6	8	33.33%
	现代交通	27	32	18.52%
	新材料	49	59	20.41%
	核应用技术	1	1	0
	现代农业	276	361	30.80%
合计		1042	1226	17.66%

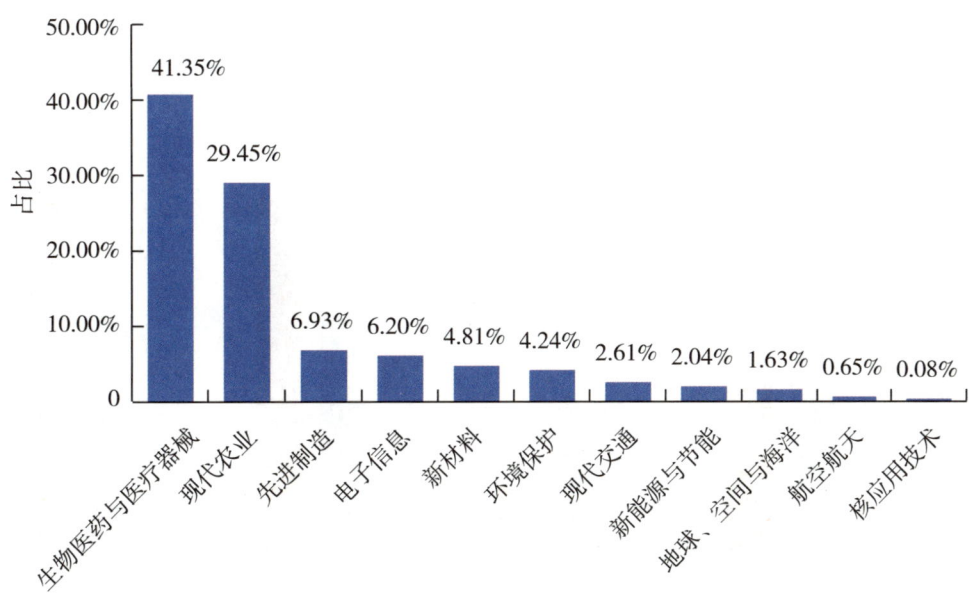

图3-15 2023年东北地区登记科技成果高新技术领域分布

2023年，东北地区登记的高新技术成果中，非自然、生态、环境领域科技成果占比为50.73%，比上年减少5.52个百分点（附表9）。

3. 应用技术成果转化应用状态

2023年，东北地区登记的应用技术成果中，小批量或小范围应用的占比最高，为45.22%，产业化应用的占比为24.76%，未应用的占比为17.78%，试用的占比为12.14%（图3-16）。

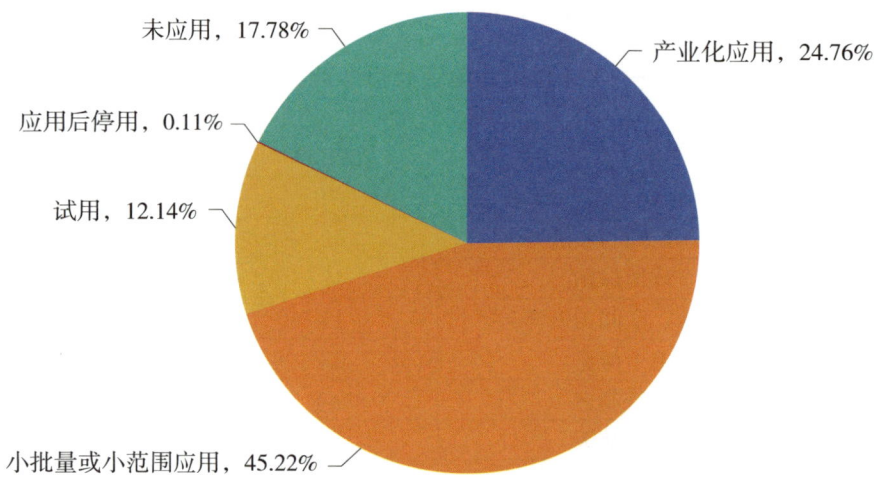

图3-16　2023年东北地区登记应用技术成果应用状态

通过对东北地区登记应用技术成果的应用效果抽样分析，2023年1862项科技成果中，填补国内空白的占比为33.63%，较上年减少0.98个百分点；落后技术、工艺、装备的替代的占比为26.88%（图3-17）。

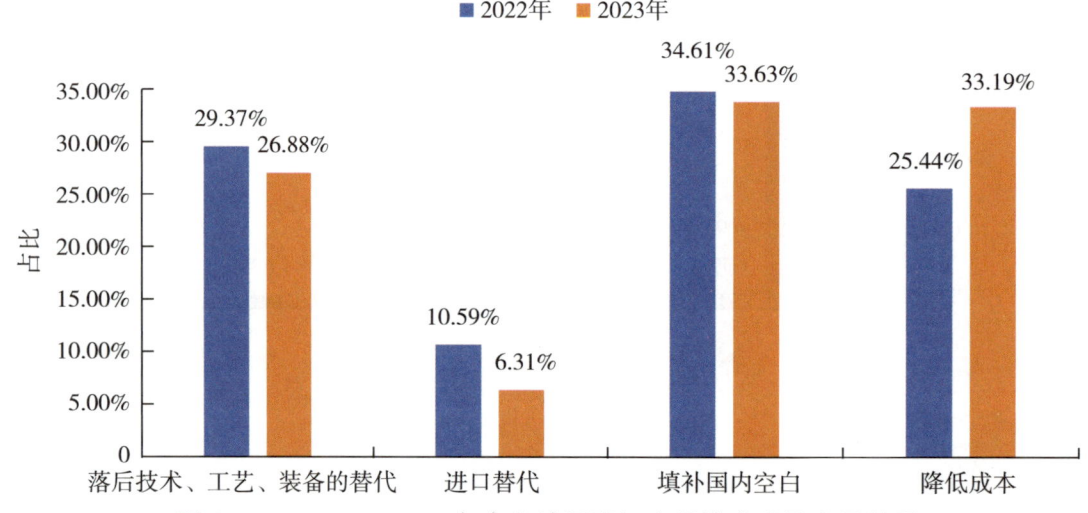

图3-17　2022—2023年东北地区登记应用技术成果应用效果

六、长三角地区

2023 年,长三角地区共登记科技成果 9708 项。其中,浙江省登记科技成果数量最多,占比超过 70%。

1. 成果来源构成

2023 年,长三角地区登记的科技成果中,来自财政支持的各类计划(包括国家科技计划、部门计划和地方计划)的科技成果登记数量占比为 61.32%。其中,来自部门计划的科技成果登记数量增幅最大,同比增长 37.53%,占长三角地区登记科技成果总量的 11.70%。来自横向委托的科技成果登记数量减幅最大,同比减少 30.40%,占比为 0.90%(表 3-11、图 3-18)。

表 3-11　2022—2023 年长三角地区登记科技成果课题来源

课题来源	成果数(项)		
	2022 年	2023 年	增幅
国家科技计划	699	706	1.00%
部门计划	826	1136	37.53%
地方计划	4320	4111	-4.84%
部门基金	180	142	-21.11%
地方基金	455	452	-0.66%
民间基金	5	5	0
国际合作	8	9	12.50%
横向委托	125	87	-30.40%
自选	2637	2700	2.39%
其他	349	360	3.15%
合计	9604	9708	1.08%

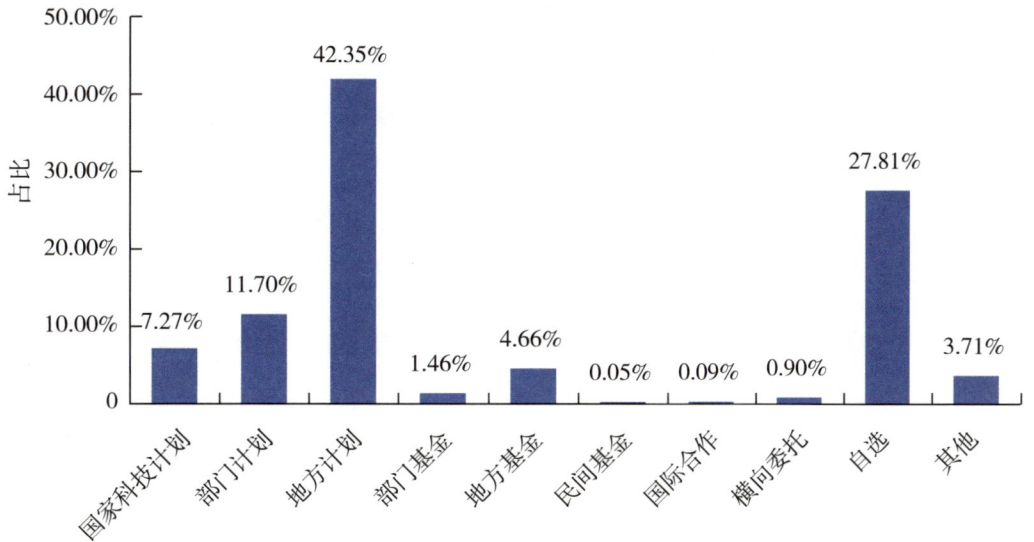

图 3-18　2023 年长三角地区登记科技成果课题来源构成

2. 高新技术领域分布

2023 年，长三角地区共登记高新技术领域科技成果 8255 项。从技术领域分布看，长三角地区登记的高新技术领域科技成果聚焦在先进制造领域和新材料领域，登记科技成果数量占比分别为 36.66% 和 28.08%。核应用技术领域登记的科技成果数量增幅较大，同比增长 104.76%（表 3-12、图 3-19）。

表 3-12　2022—2023 年长三角地区登记高新技术领域科技成果数量

高新技术领域		成果数（项）		
		2022 年	2023 年	增幅
自然、生态、环境领域	生物医药与医疗器械	742	839	13.07%
	新能源与节能	438	460	5.02%
	环境保护	351	369	5.13%
	地球、空间与海洋	131	124	−5.34%
非自然、生态、环境领域	电子信息	590	495	−16.10%
	先进制造	2758	3026	9.72%
	航空航天	41	31	−24.39%
	现代交通	72	107	48.61%
	新材料	2435	2318	−4.80%
	核应用技术	21	43	104.76%
	现代农业	442	443	0.23%
合计		8021	8255	2.92%

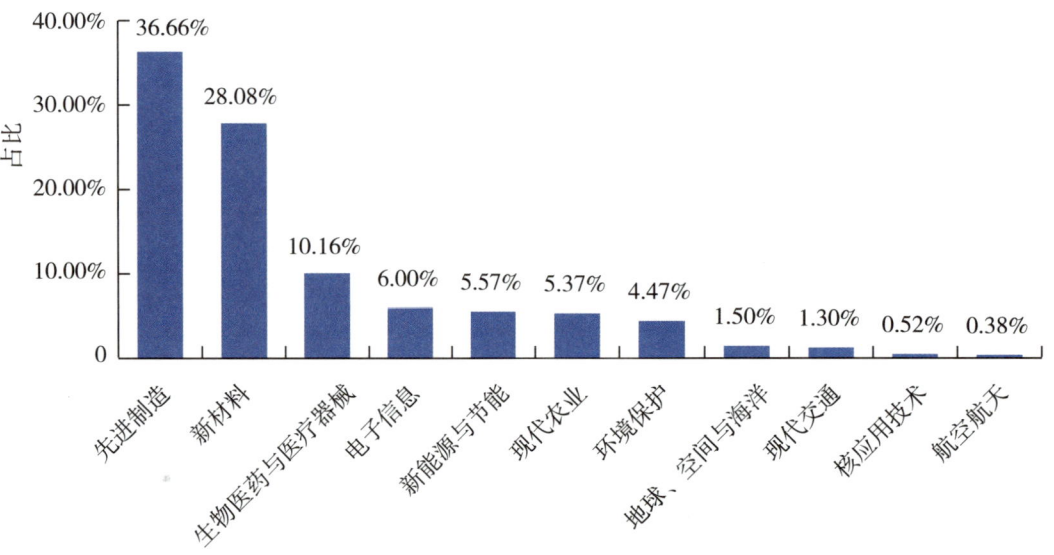

图 3-19　2023 年长三角地区登记科技成果高新技术领域分布

2023 年，长三角地区登记的高新技术成果中，非自然、生态、环境领域科技成果占比为 78.31%，较上年减少 0.97 个百分点（附表 9）。

3. 应用技术成果转化应用状态

2023年，长三角地区登记的应用技术成果中，产业化应用的占比最高，为71.18%，小批量或小范围应用的占比为19.68%，试用的占比为5.00%，未应用的占比较低，仅为4.11%（图3-20）。

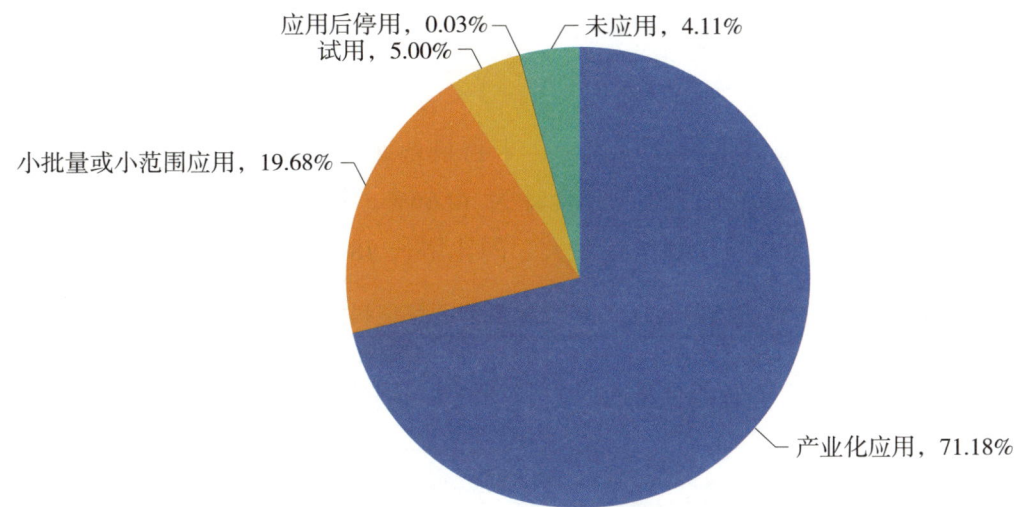

图3-20　2023年长三角地区登记应用技术成果应用状态

通过对长三角地区登记应用技术成果的应用效果抽样分析，2023年8805项科技成果中，落后技术、工艺、装备的替代的占比为45.34%，较上年增长0.17个百分点（图3-21）。

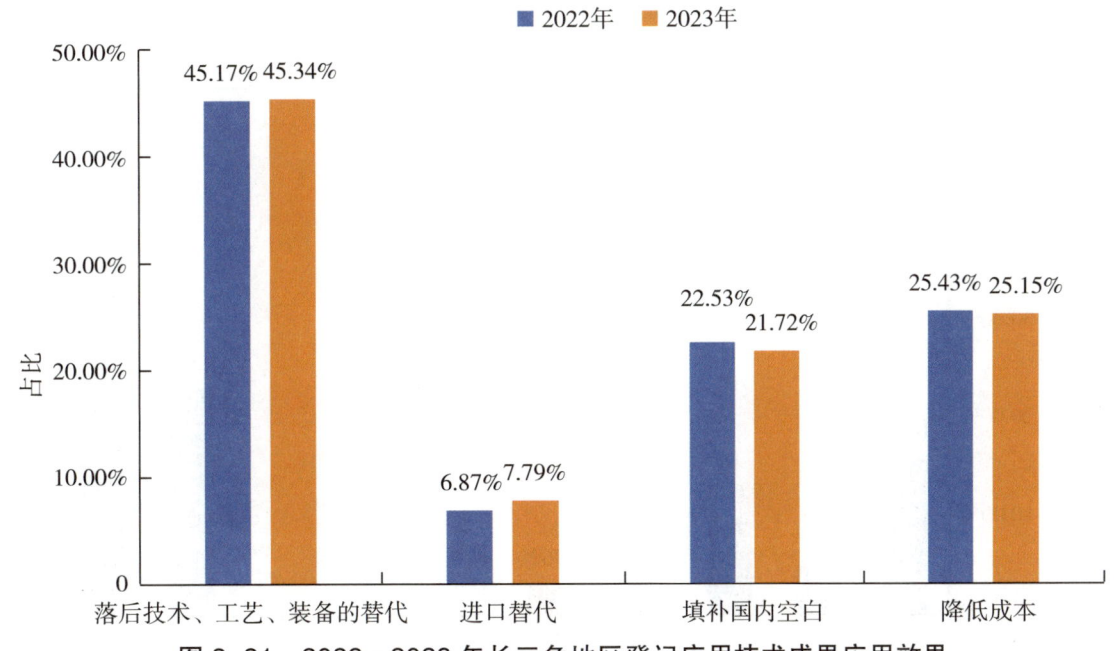

图3-21　2022—2023年长三角地区登记应用技术成果应用效果

七、京津冀地区

2023年，京津冀地区共登记科技成果7239项。其中，河北省登记科技成果数量最多，占比为50.57%。

1. 成果来源构成

2023年，京津冀地区登记的科技成果中，来自自选课题的科技成果登记数量为1683项，占比为23.25%。财政支持的各类计划占比合计为30.66%，且来自各类计划的科技成果登记数量较上年均有所增加，国家科技计划增幅最大，同比增长48.46%（表3-13、图3-22）。

表3-13 2022—2023年京津冀地区登记科技成果课题来源

课题来源	成果数（项） 2022年	成果数（项） 2023年	增幅
国家科技计划	780	1158	48.46%
部门计划	308	366	18.83%
地方计划	529	695	31.38%
部门基金	71	72	1.41%
地方基金	210	214	1.90%
民间基金	0	3	—
国际合作	7	9	28.57%
横向委托	58	61	5.17%
自选	1273	1683	32.21%
其他	2038	2978	46.12%
合计	5274	7239	37.26%

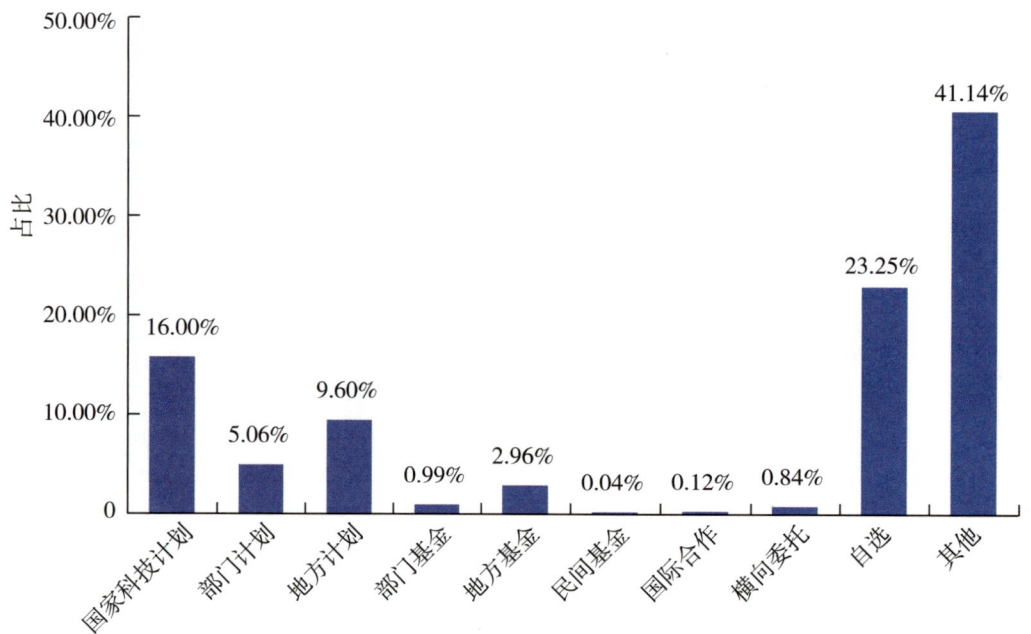

图3-22 2023年京津冀地区登记科技成果课题来源构成

2. 高新技术领域分布

2023年,京津冀地区共登记高新技术领域科技成果1774项,较上年有明显上升。从技术领域分布看,生物医药与医疗器械领域登记的科技成果数量占京津冀地区登记高新技术领域科技成果总量的20.41%(表3-14、图3-23)。

表3-14　2022—2023年京津冀地区登记高新技术领域科技成果数量

高新技术领域		成果数(项)		
		2022年	2023年	增幅
自然、生态、环境领域	生物医药与医疗器械	256	362	41.41%
	新能源与节能	124	146	17.74%
	环境保护	101	126	24.75%
	地球、空间与海洋	155	154	−0.65%
非自然、生态、环境领域	电子信息	274	307	12.04%
	先进制造	165	220	33.33%
	航空航天	52	52	0
	现代交通	76	115	51.32%
	新材料	123	102	−17.07%
	核应用技术	16	17	6.25%
	现代农业	136	173	27.21%
合计		1478	1774	20.03%

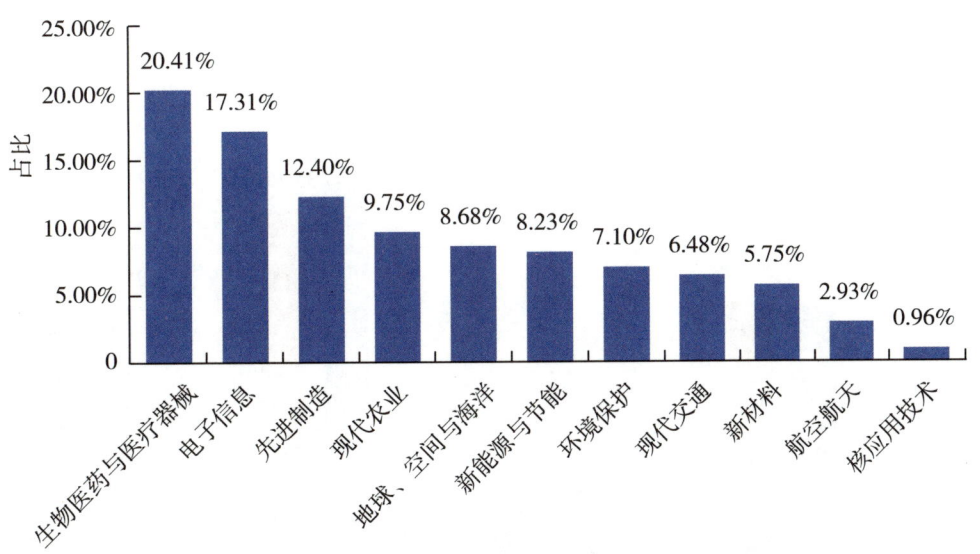

图3-23　2023年京津冀地区登记科技成果高新技术领域分布

2023年,京津冀地区登记的高新技术成果中,非自然、生态、环境领域科技成果占比为55.58%,较上年减少1.38个百分点(附表9)。

3. 应用技术成果转化应用状态

2023年，京津冀地区登记的应用技术成果中，小批量或小范围应用的占比为44.02%，产业化应用的占比为38.25%，试用的占比为12.61%，未应用的占比为5.08%（图3-24）。

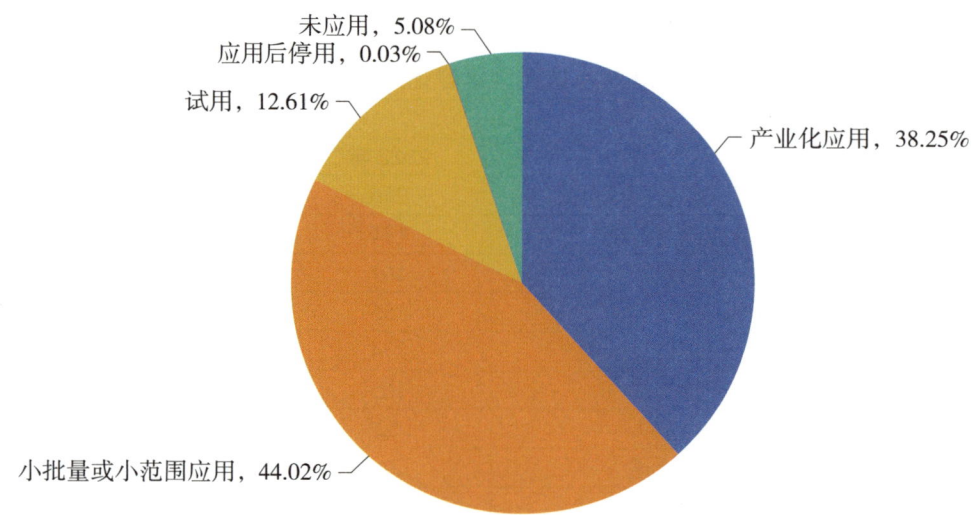

图3-24　2023年京津冀地区登记应用技术成果应用状态

通过对京津冀地区登记应用技术成果的应用效果抽样分析，2023年6279项科技成果中，填补国内空白的占比较高，为35.39%（图3-25）。

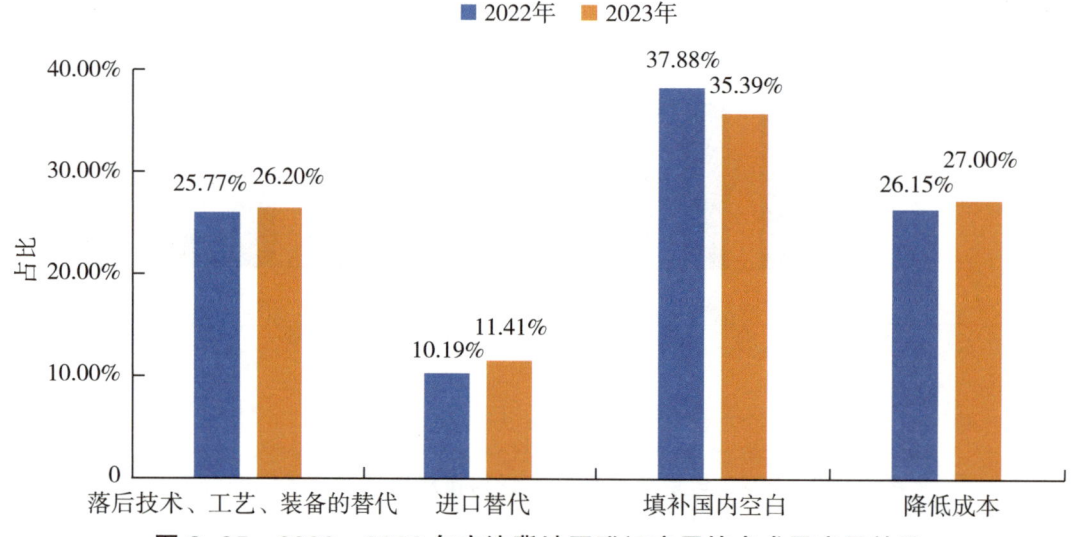

图3-25　2022—2023年京津冀地区登记应用技术成果应用效果

八、珠三角地区

2023年，珠三角地区共登记科技成果2317项。其中，广东省登记科技成果数量最多，占比超过70%。

1. 成果来源构成

2023年，珠三角地区登记的科技成果课题来源以地方计划为主，占比为58.61%。来自部门计划的科技成果登记数量占珠三角地区登记科技成果总量的2.76%，较上年有所下降（表3-15、图3-26）。

表3-15　2022—2023年珠三角地区登记科技成果课题来源

课题来源	成果数（项）		增幅
	2022年	2023年	
国家科技计划	109	75	−31.19%
部门计划	105	64	−39.05%
地方计划	2411	1358	−43.67%
部门基金	19	18	−5.26%
地方基金	35	16	−54.29%
民间基金	1	1	0
国际合作	0	4	—
横向委托	24	38	58.33%
自选	671	585	−12.82%
其他	130	158	21.54%
合计	3505	2317	−33.89%

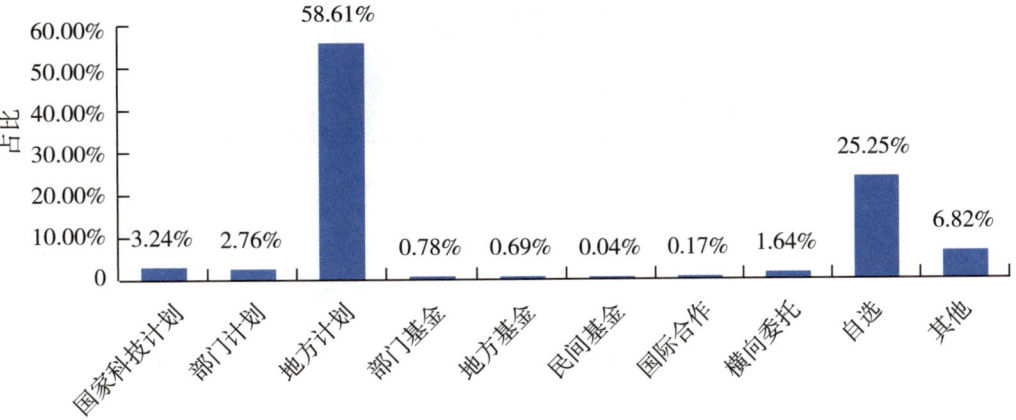

图3-26　2023年珠三角地区登记科技成果课题来源构成

2. 高新技术领域分布

2023年，珠三角地区共登记高新技术领域科技成果1593项。从技术领域分布看，生物医药与医疗器械领域、电子信息领域、先进制造领域登记的科技成果数量占比分别为20.15%、17.83%和14.56%。新能源与节能领域，新材料领域，地球、空间与海洋领域登记的科技成果数量分别减少了48.85%、44.66%和40.68%（表3-16、图3-27）。

表3-16　2022—2023年珠三角地区登记高新技术领域科技成果数量

高新技术领域		成果数（项）		
		2022年	2023年	增幅
自然、生态、环境领域	生物医药与医疗器械	508	321	-36.81%
	新能源与节能	217	111	-48.85%
	环境保护	204	142	-30.39%
	地球、空间与海洋	59	35	-40.68%
非自然、生态、环境领域	电子信息	353	284	-19.55%
	先进制造	322	232	-27.95%
	航空航天	6	5	-16.67%
	现代交通	87	57	-34.48%
	新材料	309	171	-44.66%
	核应用技术	6	4	-33.33%
	现代农业	338	231	-31.66%
合计		2409	1593	-33.87%

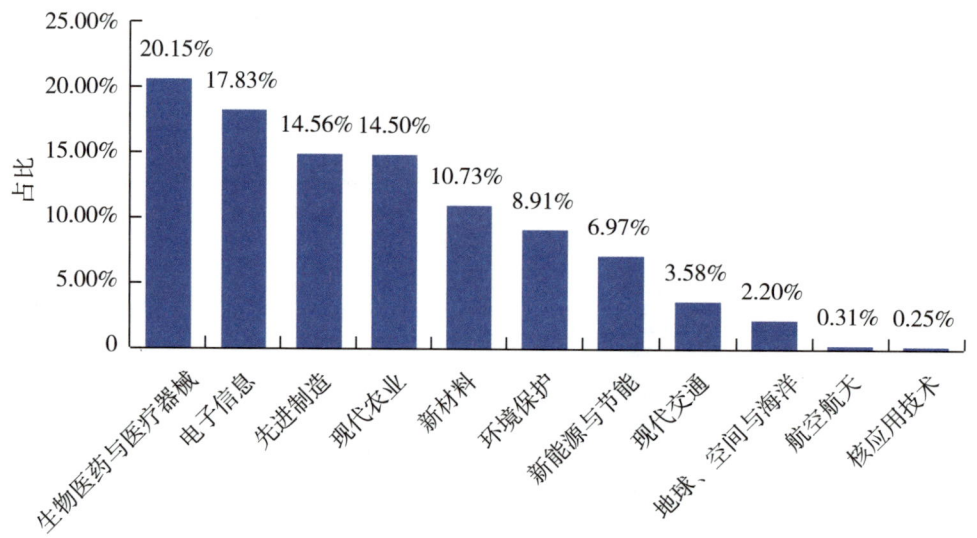

图3-27　2023年珠三角地区登记科技成果高新技术领域分布

2023年，珠三角地区登记的高新技术成果中，非自然、生态、环境领域科技成果占比为61.76%，较上年增长2.77个百分点（附表9）。

3. 应用技术成果转化应用状态

2023年,珠三角地区登记的应用技术成果中,产业化应用的占比最高,为46.08%,小批量或小范围应用的占比为33.71%,试用的占比为13.00%,未应用的占比为7.21%(图3-28)。

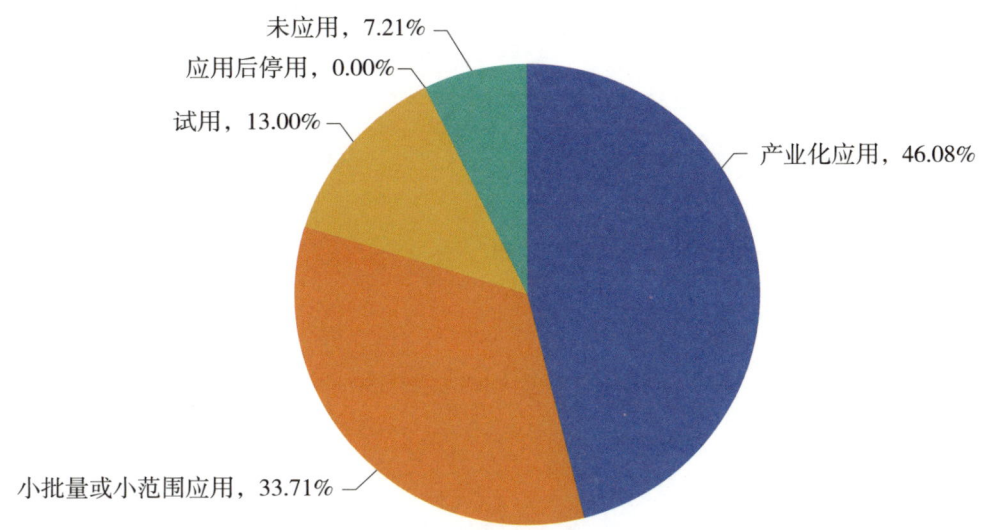

图3-28　2023年珠三角地区登记应用技术成果应用状态

通过对珠三角地区登记应用技术成果的应用效果抽样分析,2023年1608项科技成果中,进口替代、填补国内空白和降低成本的占比较上年均有小幅增长,分别为10.34%、32.60%和26.32%。落后技术、工艺、装备的替代的占比略有下降(图3-29)。

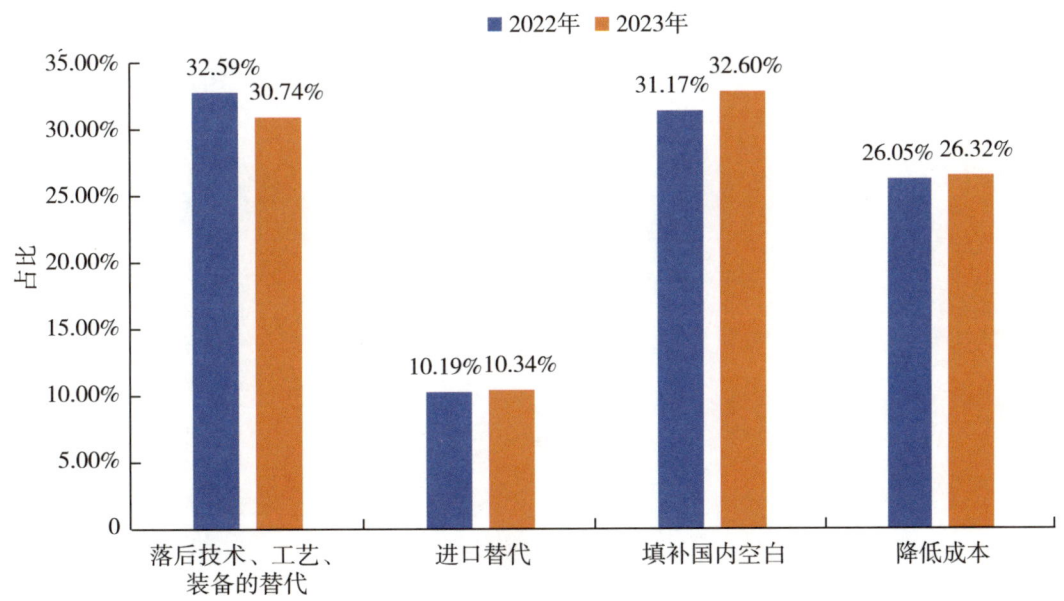

图3-29　2022—2023年珠三角地区登记应用技术成果应用效果

第四部分
应用技术成果转化应用情况

一、应用技术成果总体情况

1. 产出形式

2023年登记到国家科技成果库中的79 801项应用技术成果以新技术、新产品为主要产出形式，其中，新技术占比为50.17%，新产品占比为21.43%（图4-1）。新技术、新产品也是各类型完成单位应用技术成果的主要产出形式（表4-1）。

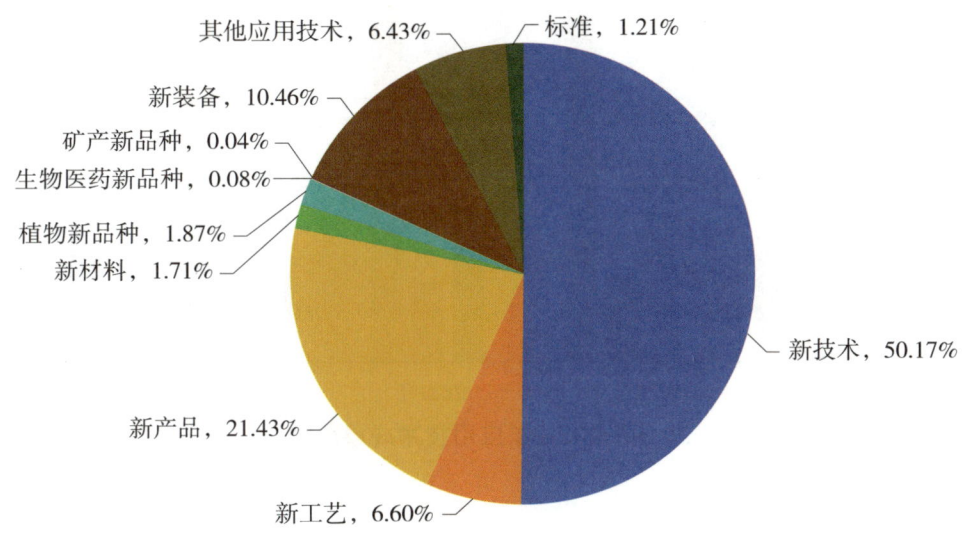

图4-1 2023年应用技术成果的产出形式

表4-1 2023年不同完成单位的应用技术成果产出形式构成

成果产出形式	独立科研机构	大专院校	企业	医疗机构	其他
新技术	56.14%	66.50%	44.01%	75.80%	51.55%
新工艺	4.24%	4.54%	8.32%	0.58%	2.51%
新产品	9.57%	8.39%	28.26%	4.04%	6.76%
新材料	2.52%	4.65%	1.49%	0.37%	0.56%
植物新品种	8.90%	2.02%	1.20%	0.12%	1.30%
生物医药新品种	0.03%	0.33%	0.02%	0.43%	0.09%
矿产新品种	0.10%	0.01%	0.02%	0.03%	0.17%
新装备	8.00%	6.14%	12.83%	1.21%	6.94%
其他应用技术	7.16%	6.17%	3.30%	16.27%	25.11%
标准	3.35%	1.25%	0.56%	1.16%	5.01%

2. 所处阶段

2023年，应用技术成果中，处于成熟应用阶段的占比为62.34%，较上年上升1.38个百分点；处于初期阶段和中期阶段的占比分别为24.94%和12.72%。2019—2023年，应用技术成果中处于成熟应用阶段的占比基本保持在60%以上；处于初期阶段和中期阶段的占比分别呈小幅波动和下降趋势（图4-2）。

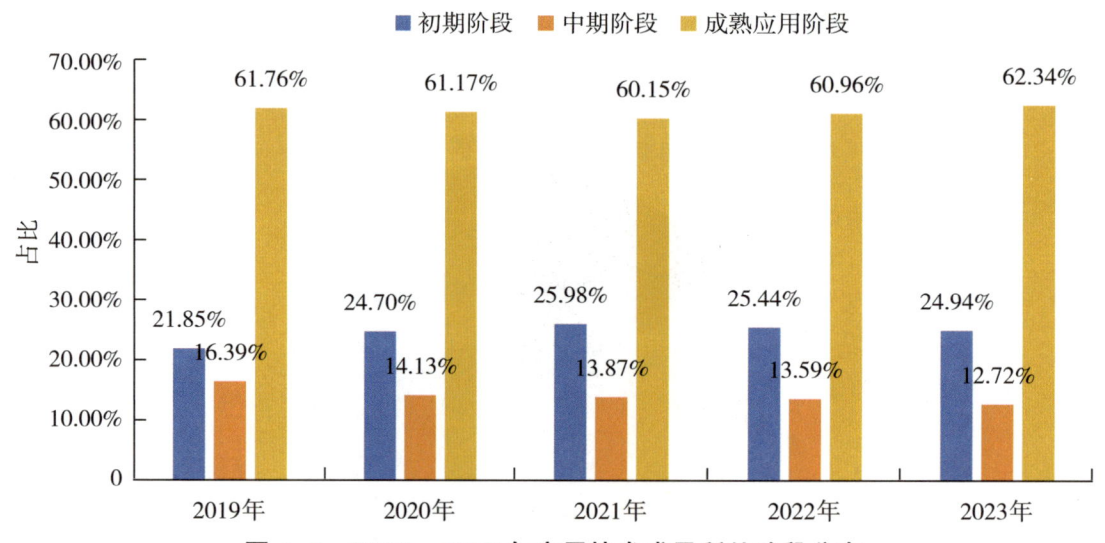

图4-2　2019—2023年应用技术成果所处阶段分布

3. 应用状态

2023年，产业化应用的应用技术成果37 933项，所占比例最高，为46.68%；小批量或小范围应用的应用技术成果25 793项，占应用技术成果总量的31.74%；未应用的应用技术成果9567项，占应用技术成果总量的11.77%；试用的应用技术成果7867项，占应用技术成果总量的9.68%；应用后停用的应用技术成果99项，占比为0.12%。

2019—2023年，应用技术成果产业化应用的占比为43%～47%，2023年占比较上年略有上升（图4-3）。

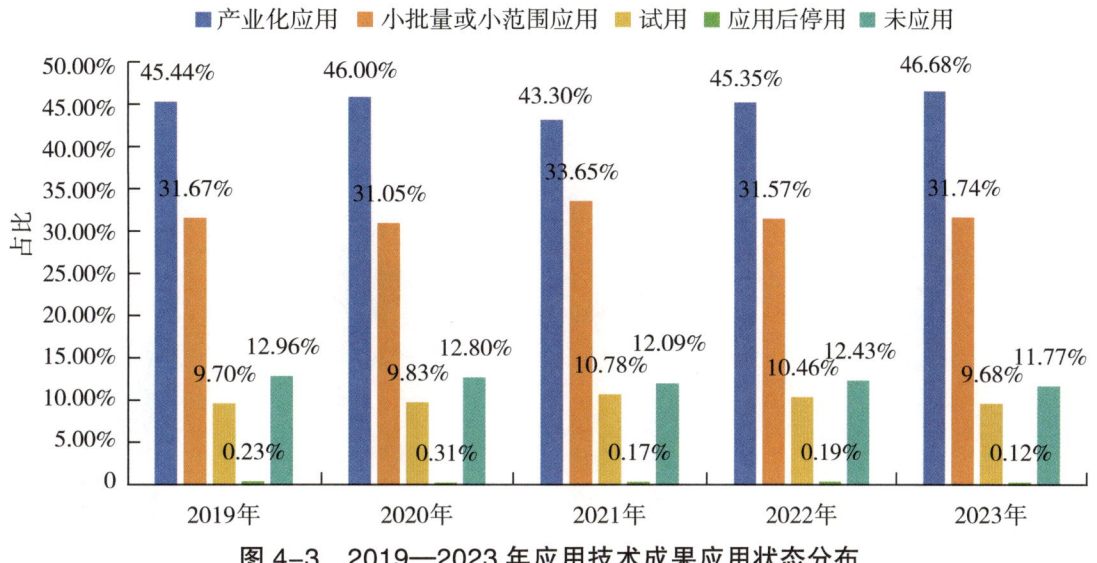

图 4-3　2019—2023 年应用技术成果应用状态分布

（1）各地区成果应用情况

2023 年，地方登记的应用技术成果中，产业化应用的应用技术成果 34 841 项，较上年增加了 4494 项。

从东、中、西部地区分布看，2023 年东部地区产业化应用的应用技术成果所占比例高于中、西部地区，为 56.13%，较上年减少 0.78 个百分点；中部地区产业化应用的应用技术成果占比为 45.80%，较上年增长 2.77 个百分点；西部地区产业化应用的应用技术成果占比为 36.21%，较上年增长 3.55 个百分点（图 4-4）。

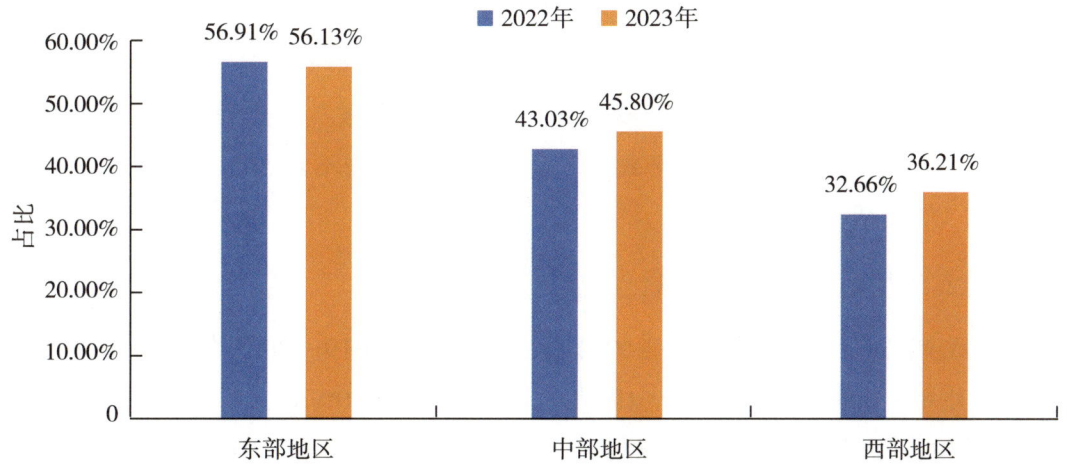

图 4-4　2022—2023 年东、中、西部地区产业化应用的应用技术成果占比

从主要经济地带看，2023 年长三角地区产业化应用的应用技术成果占比最高，为 71.18%；东北地区产业化应用的应用技术成果占比最低，为 24.76%（图 4-5）。

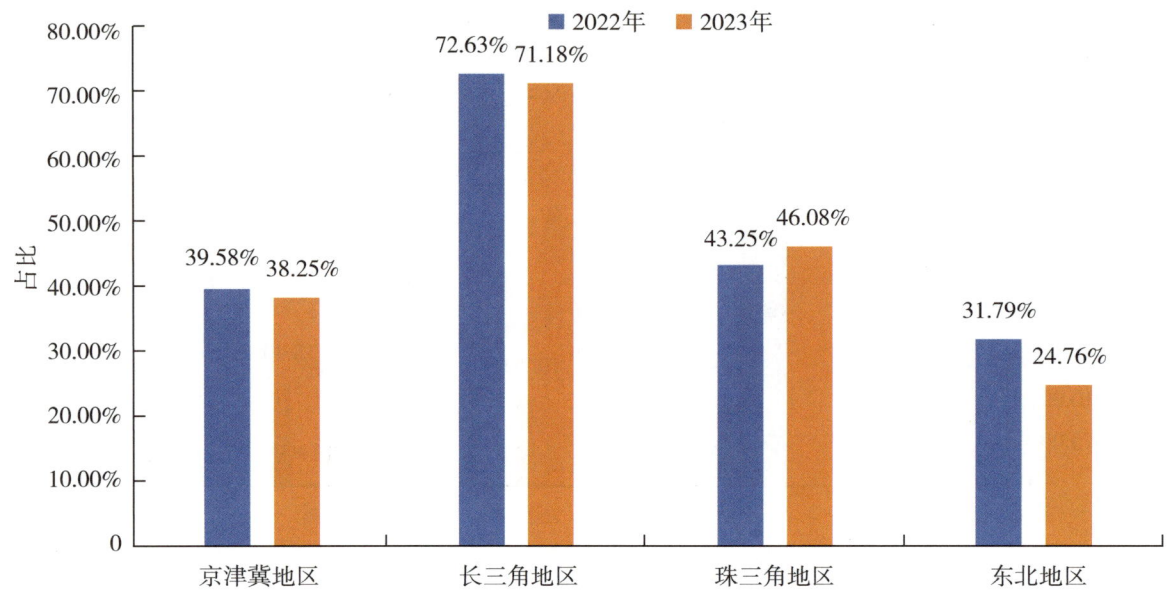

图 4-5　2022—2023 年四大经济地带产业化应用的应用技术成果占比

（2）各行业成果应用情况

从各行业产业化应用所占比例看，2023 年房地产业和金融业的产业化应用占比较高，分别达到 65.63% 和 62.58%；制造业，电力、热力、燃气及水的生产和供应业，批发和零售业，采矿业的产业化应用占比均超过 50%（附表 11）。

2023 年，未应用占比较高的行业主要为国际组织，占比为 60.00%。居民服务、修理和其他服务业未应用的占比为 34.57%（附表 11）。

（3）高新技术领域成果应用情况

从高新技术领域看，2023 年新材料领域产业化应用占比最高，达到 69.19%；其次是新能源与节能领域，产业化应用占比为 60.29%；先进制造领域和航空航天领域产业化应用占比分别为 58.51% 和 51.40%；其他高新技术领域的产业化应用占比均不足 50%；生物医药与医疗器械领域占比最低，为 30.96%（附表 11）。

4. 未应用或应用后停用影响因素

应用技术成果未应用或应用后停用的影响因素较多。2019—2021 年，应用技术成果未应用或应用后停用的主要影响因素是资金问题，占比一直在 30% 以上，2023 年降至 14.36%。2023 年技术问题占比较 2019 年基本保持不变。市场问题占比较 2019 年减少了 3.52 个百分点，管理问题占比从 2019 年的 25.00% 减少到 2023 年的 17.65%，表明影响应用技术成果转化应用的市场问题和管理问题均有所缓解。其他因素占比从 2019 年的 3.28% 上升为 2023 年的 35.60%（图 4-6）。

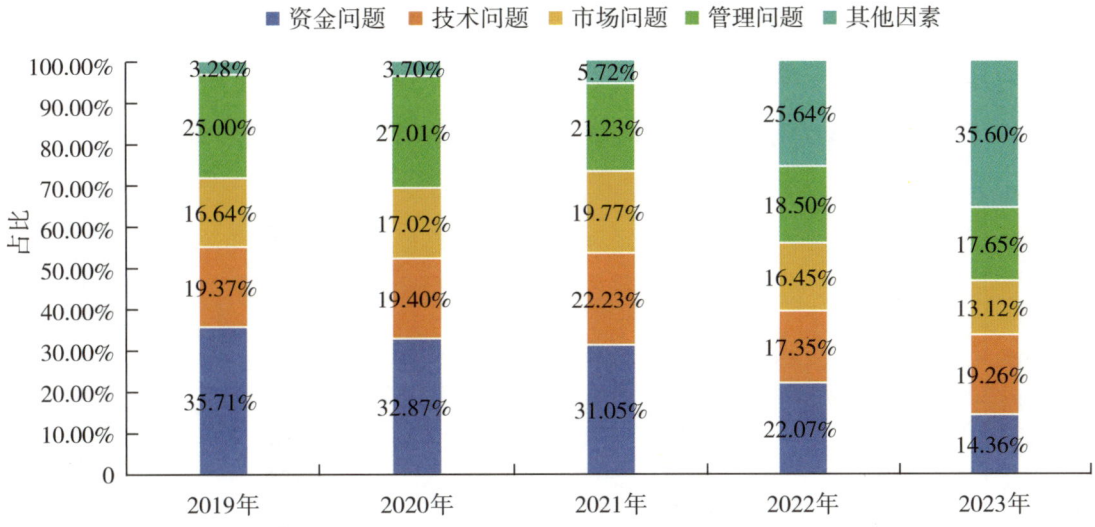

图 4-6　2019—2023 年应用技术成果未应用或应用后停用影响因素的比例分布

从东、中、西部地区看，2023 年东部地区和中部地区应用技术成果未应用或应用后停用的主要影响因素均是其他因素，占比分别为 53.62% 和 64.35%。西部地区应用技术成果未应用或应用后停用的主要影响因素是管理问题，占比为 26.41%（图 4-7）。

从主要经济地带看，2023 年京津冀地区和长三角地区的最主要影响因素是其他因素；东北地区应用技术成果未应用或应用后停用的影响因素中，管理问题较为突出。4 个主要经济地带中，影响应用技术成果转化应用的管理问题所占比例珠三角地区最小，为 6.03%；影响应用技术成果转化应用的资金问题所占比例京津冀地区最小，为 4.09%（图 4-7）。

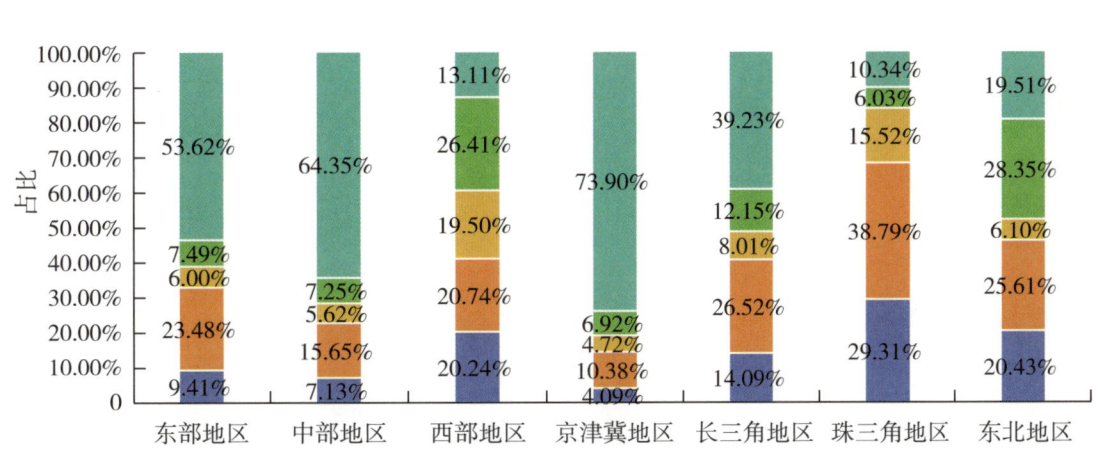

图 4-7　2023 年不同地区应用技术成果未应用或应用后停用影响因素的比例分布

2023 年，除企业外，各类型单位的应用技术成果未应用或应用后停用的影响因素主要集中在其他因素，占比为 40%～57%。除其他因素外，大专院校应用技术成果未应用或应用后停用的主要影响因素是技术问题和市场问题，占比分别为 25.00% 和 13.30%；企业受管理问题影响较为严重，占比为 26.55%；技术问题对大专院校和医疗机构影响较大（图 4-8）。

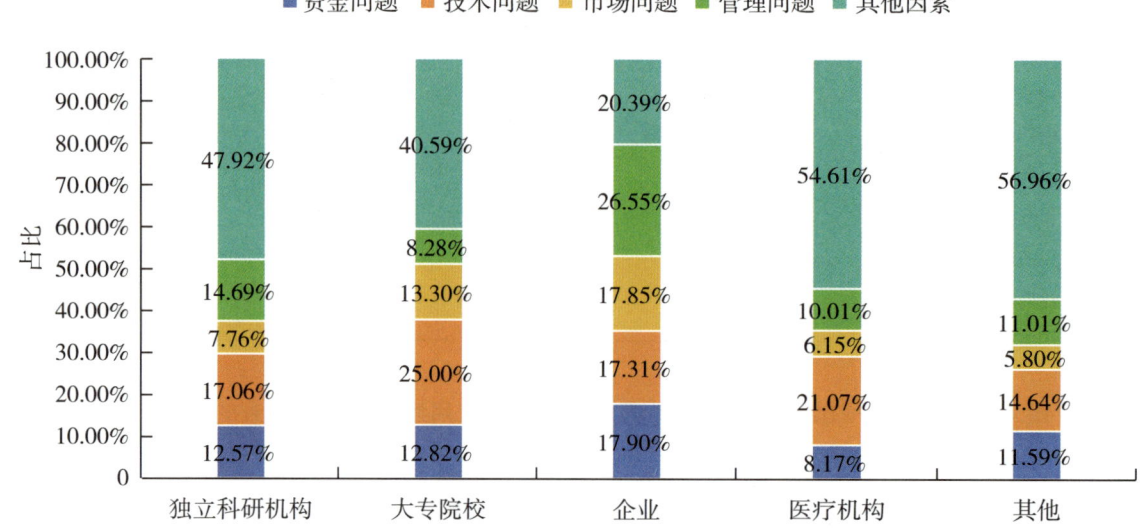

图 4-8　2023 年不同单位应用技术成果未应用或应用后停用影响因素的比例分布

二、财政资助应用技术成果转移转化情况

财政资助来源于国家科技计划、部门计划、部门基金、地方计划和地方基金。2023年，登记在国家科技成果库的79 801项应用技术成果中，财政资助的应用技术成果24 602项，占比为30.83%，较上年减少0.58个百分点。

1. 转化方式

2023年，财政资助应用技术成果转化的主要方式是自我转化和技术服务，二者所占比例之和为74.22%（图4-9）。从各类财政资助来源类型看，自我转化的比例均超过合作转化，技术许可与技术作价投资的比例较低，占比为0.2%～2.7%（表4-2）。

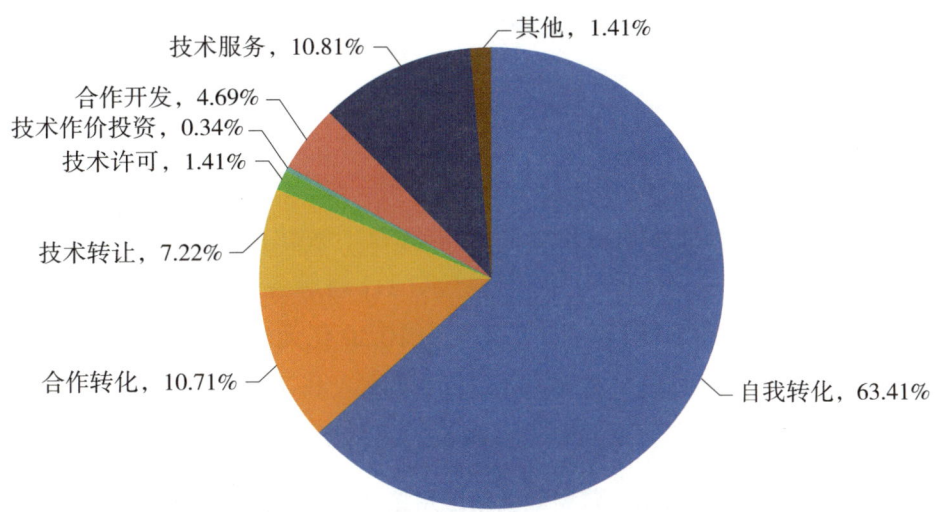

图4-9　2023年财政资助应用技术成果的不同转化方式构成

表4-2　2023年财政资助应用技术成果的不同转化方式构成

课题来源	自我转化	合作转化	技术转让	技术许可	技术作价投资	合作开发	技术服务	其他
国家科技计划	37.05%	20.55%	15.01%	2.67%	0.69%	7.33%	15.60%	1.09%
部门计划	66.53%	9.27%	7.09%	1.52%	0.36%	3.52%	10.25%	1.47%
地方计划	69.81%	8.87%	5.08%	1.11%	0.20%	4.24%	9.40%	1.29%
部门基金	41.67%	15.22%	15.22%	0.36%	1.45%	5.07%	18.12%	2.90%
地方基金	39.33%	13.06%	15.13%	2.39%	1.11%	7.64%	17.83%	3.50%

2. 定价方式

从应用技术成果的定价方式看,2023年共有10 433项财政资助应用技术成果反馈有效数据。由于应用技术成果定价方式为多选项,因此共统计出10 633个定价方式选项。

其中,协议定价为主要定价方式,占比为65.74%;采用技术拍卖、挂牌交易等定价方式的应用技术成果占比较少,分别为1.41%和1.79%(表4-3)。

表4-3 2023年财政资助应用技术成果定价方式

定价方式	选项数(个)	普及率(n=10 433)
协议定价	6859	65.74%
挂牌交易	187	1.79%
技术拍卖	147	1.41%
其他	3440	32.97%
合计	10 633	101.92%

注:普及率强调样本中有多少比例选择该项,各个选项的比例之和大于100%。

3. 转化收入

2023年,在财政资助的24 602项应用技术成果中,已转让企业16 490家,实现技术转让与许可收入约64.31亿元,平均每项应用技术成果的技术转让与许可收入为26.14万元。从已转让企业数量看,地方计划多于国家科技计划、部门计划等各类课题来源,达到9389家,占已转让企业总数的56.94%,技术转让与许可收入约10.20亿元,占技术转让与许可收入总量的15.86%。国家科技计划应用技术成果技术转让与许可收入高于地方计划,约为39.66亿元,平均每项应用技术成果的技术转让与许可收入达到107.98万元,领先于其他课题来源(表4-4)。

表4-4 2023年财政资助应用技术成果的转化收入

课题来源	应用技术成果(项)	已转让企业(家)	技术转让与许可收入(万元)	平均每项应用技术成果的技术转让与许可收入(万元)
国家科技计划	3673	2091	396 600	107.98
部门计划	3444	4592	133 905	38.88
地方计划	15 603	9389	102 003	6.54
部门基金	546	232	7577	13.88
地方基金	1336	186	3031	2.27
合计	24 602	16 490	643 116	26.14

4. 应用效果

2023年,在财政资助的24 602项应用技术成果中,有转化应用效果的有15 130项,占比为61.50%。由于应用技术成果的应用效果为多选项,因此共统计出19 953个应用效果选项,平均每项应用技术成果选择1.32个选项。

其中，47.67%的应用技术成果实现了落后技术、工艺、装备的替代，39.44%的应用技术成果填补了国内空白，35.49%的应用技术成果有效降低了成本，9.27%的应用技术成果实现了进口替代（表4-5）。

表4-5　2023年财政资助应用技术成果应用效果

应用效果	选项数（个）	普及率（n=15 130）
落后技术、工艺、装备的替代	7213	47.67%
进口替代	1402	9.27%
填补国内空白	5968	39.44%
降低成本	5370	35.49%
合计	19 953	131.88%

注：普及率强调样本中有多少比例选择该项，各个选项的比例之和大于100%。

5. 奖励和报酬情况

从应用技术成果转化的奖励和报酬情况看，2023年共有12 544项财政资助应用技术成果反馈有效数据。完全实施转化收益奖励和报酬的应用技术成果为4700项，占比为37.47%；未实施或未完全实施转化收益奖励和报酬的比例仍然较高，分别为40.51%和22.03%（图4-10）。

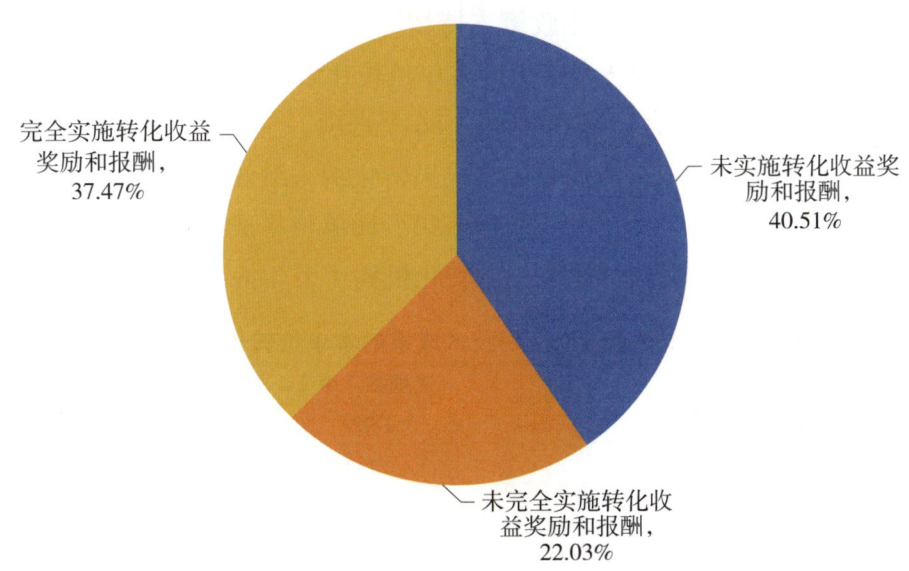

图4-10　2023年财政资助应用技术成果转化的奖励和报酬情况

6. 政府支持情况

2023年，财政资助应用技术成果转化的政府支持形式以得到转化财政经费支持为主。从政府支持情况看，共有10 193项应用技术成果反馈有效数据，同比增长24.47%（2022年8189项）。其中，有4101项应用技术成果获得了政府支持，政府的支持形式以得到转化财政经费支持为主，占比为35.01%；其次为享受政府税收优惠的支持形式，占比为33.27%（图4-11）。59.77%的应用技术成果反馈在转化阶段没有获得政府支持。

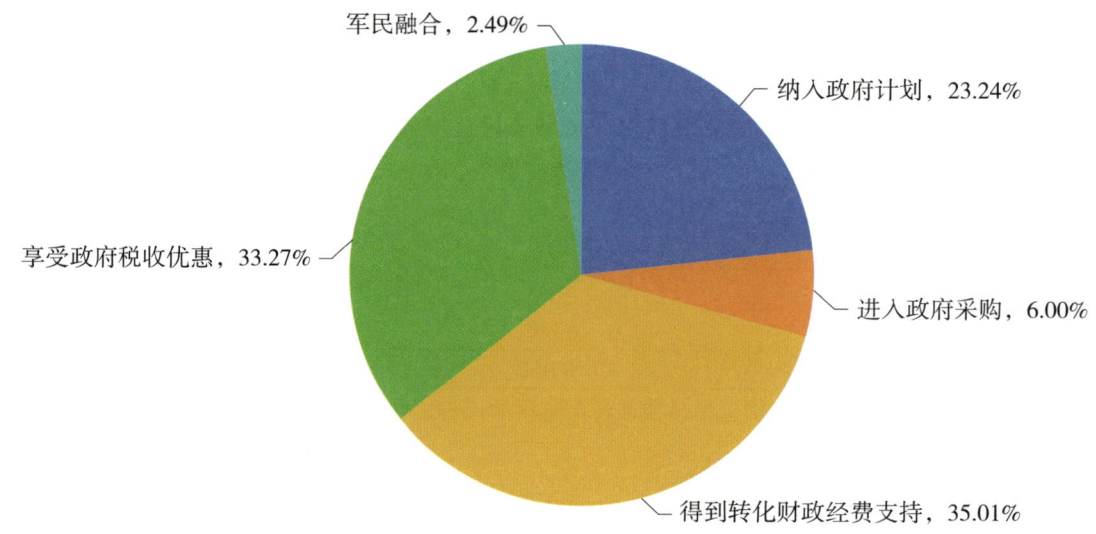

图 4-11　2023 年财政资助应用技术成果转化的政府支持情况

7. 本单位转化政策支持情况

从应用技术成果获得的本单位转化政策支持情况看，2023 年共有 10 603 项财政资助应用技术成果反馈有效数据。由于应用技术成果的本单位转化政策支持形式为多选项，因此共统计出 17 580 个选项，平均每项应用技术成果选择 1.66 个选项。

其中，56.26% 的应用技术成果所属单位将成果转化纳入绩效考评；所属单位将成果转化与职称评定挂钩的超过 30%；28.22% 的应用技术成果所属单位将成果转化与个人收入分配挂钩；17.82% 的应用技术成果所属单位设立了专门的转化机构（表 4-6）。

表 4-6　2023 年财政资助应用技术成果的本单位转化政策支持情况

本单位转化政策支持	选项数（个）	普及率（n=10 603）
设立转化机构	1889	17.82%
纳入绩效考评	5965	56.26%
与职称评定挂钩	3479	32.81%
与个人收入分配挂钩	2992	28.22%
未设立转化机构	1524	14.37%
未出台转化政策	1731	16.33%
合计	17 580	165.80%

注：普及率强调样本中有多少比例选择该项，各个选项的比例之和大于 100%。

三、非财政资助应用技术成果转移转化情况

非财政资助来源于国际合作、横向委托、民间基金、自选课题等。2023年,登记到国家科技成果库的79 801项应用技术成果中,非财政资助应用技术成果比例为69.17%。

1. 转化方式

2023年,非财政资助应用技术成果转化的方式以自我转化为主,以技术作价投资和技术许可的方式转化的比例较低(图4-12)。其中,自选课题应用技术成果中89.26%实现自我转化。各来源应用技术成果采用自我转化方式的比例相对较高(表4-7)。

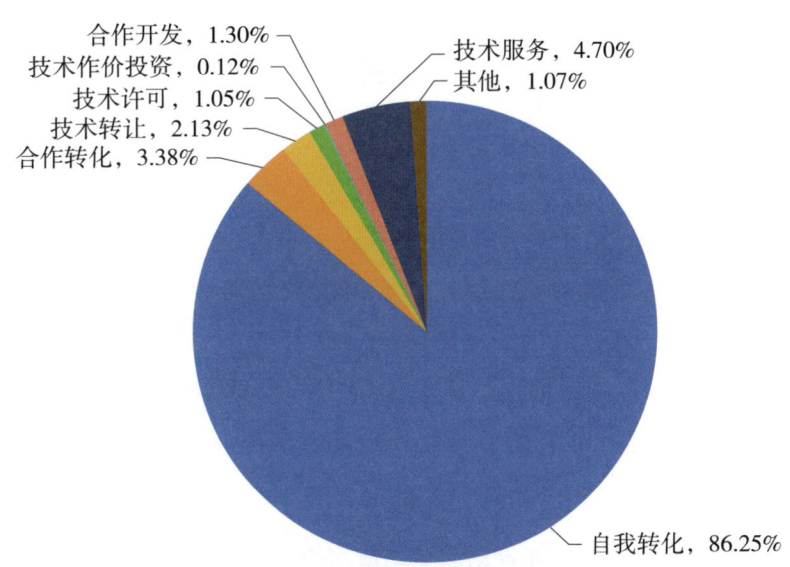

图4-12　2023年非财政资助应用技术成果的不同转化方式构成

表4-7　2023年非财政资助应用技术成果的不同转化方式构成

课题来源	自我转化	合作转化	技术转让	技术许可	技术作价投资	合作开发	技术服务	其他
国际合作	54.29%	25.71%	2.86%	0.00%	0.00%	5.71%	11.43%	0.00%
横向委托	41.75%	18.87%	8.49%	2.36%	0.47%	11.08%	16.98%	0.00%
民间基金	57.89%	26.32%	10.53%	0.00%	0.00%	0.00%	0.00%	5.26%
自选	89.26%	2.83%	1.81%	0.80%	0.13%	0.92%	3.61%	0.65%
其他	55.61%	7.71%	5.06%	4.07%	0.07%	4.60%	16.39%	6.49%

2. 定价方式

从应用技术成果的定价方式看,2023 年共有 28 559 项非财政资助应用技术成果反馈有效数据。由于应用技术成果的定价方式为多选项,因此共统计出 28 705 个定价方式选项。

其中,占比超过七成的应用技术成果通过协议定价实现转移转化;采用挂牌交易、技术拍卖等实现转移转化的应用技术成果占比较少,分别为 0.27% 和 0.74%(表 4-8)。

表 4-8　2023 年非财政资助应用技术成果定价方式

定价方式	选项数(个)	普及率(n=28 559)
协议定价	20 649	72.30%
挂牌交易	78	0.27%
技术拍卖	212	0.74%
其他	7766	27.19%
合计	28 705	100.51%

注:普及率强调样本中有多少比例选择该项,各个选项的比例之和大于 100%。

3. 转化收入

2023 年,在非财政资助的 55 199 项应用技术成果中,已转让企业 13 707 家,获得技术转让与许可收入约 39.55 亿元,平均每项应用技术成果的技术转让与许可收入为 7.17 万元。其中,自选课题的应用技术成果数量最多,为 48 701 项,转让企业 12 154 家,技术转让与许可收入约 12.97 亿元,其产业化应用占主导地位。从单个应用技术成果的技术转让与许可收入水平看,除其他外,横向委托的平均应用技术成果转化收入高于其他课题来源,平均每项应用技术成果的技术转让与许可收入为 7.54 万元(表 4-9)。

表 4-9　2023 年非财政资助应用技术成果的转化收入

课题来源	应用技术成果(项)	已转让企业(家)	技术转让与许可收入(万元)	平均每项应用技术成果的技术转让与许可收入(万元)
国际合作	50	2	0	0
横向委托	746	321	5624	7.54
民间基金	51	1	0	0
自选	48 701	12 154	129 672	2.66
其他	5651	1229	260 246	46.05
合计	55 199	13 707	395 542	7.17

4. 应用效果

2023 年,55 199 项非财政资助的应用技术成果中,有转化应用效果的有 37 779 项,占比为 68.44%。由于应用效果为多选项,因此共统计出 43 079 个选项,平均每项应用技术成果选择 1.14 个选项。

与财政资助的应用技术成果相比,非财政资助的应用技术成果在填补国内空白及进口替代等方面相对较弱(表4-10)。其中,实现进口替代的应用技术成果占比仅为4.03%(财政资助的应用技术成果为9.27%);填补国内空白的应用技术成果占比为15.52%(财政资助的应用技术成果为39.44%)。

表4-10　2023年非财政资助应用技术成果应用效果

应用效果	选项数(个)	普及率($n=37\ 779$)
落后技术、工艺、装备的替代	26 422	69.94%
进口替代	1524	4.03%
填补国内空白	5862	15.52%
降低成本	9271	24.54%
合计	43 079	114.03%

注:普及率强调样本中有多少比例选择该项,各个选项的比例之和大于100%。

5. 奖励和报酬情况

从应用技术成果转化的奖励和报酬情况看,2023年共有35 403项非财政资助应用技术成果反馈有效数据。完全实施转化收益奖励和报酬的应用技术成果为16 034项,占比为45.29%(图4-13)。

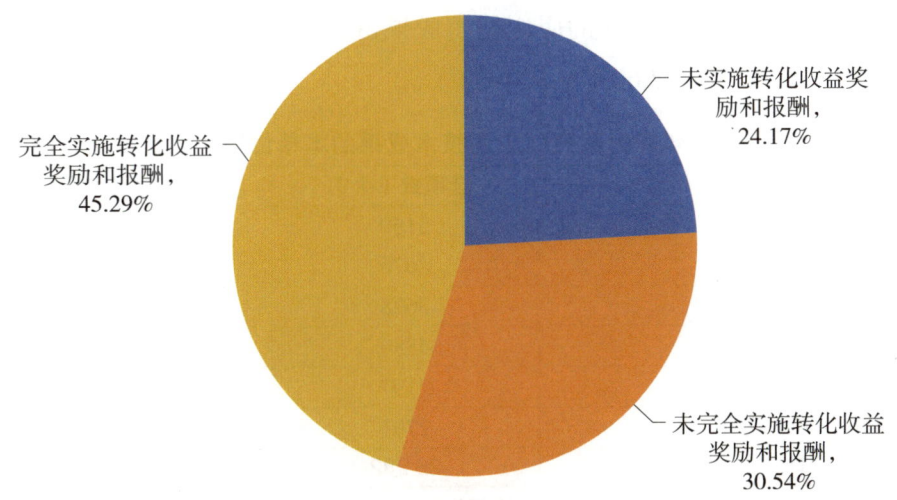

图4-13　2023年非财政资助应用技术成果转化的奖励和报酬情况

6. 政府支持情况

2023年,非财政资助应用技术成果转化的政府支持形式以享受政府税收优惠为主。从政府支持情况看,共有16 450项应用技术成果反馈有效数据。其中,有4460项应用技术成果获得了政府的相关支持,享受政府税收优惠的占比最大,为62.66%;其次为得到转化财政经费支持,占比为19.47%(图4-14)。没有获得政府支持的应用技术成果占比为72.89%。

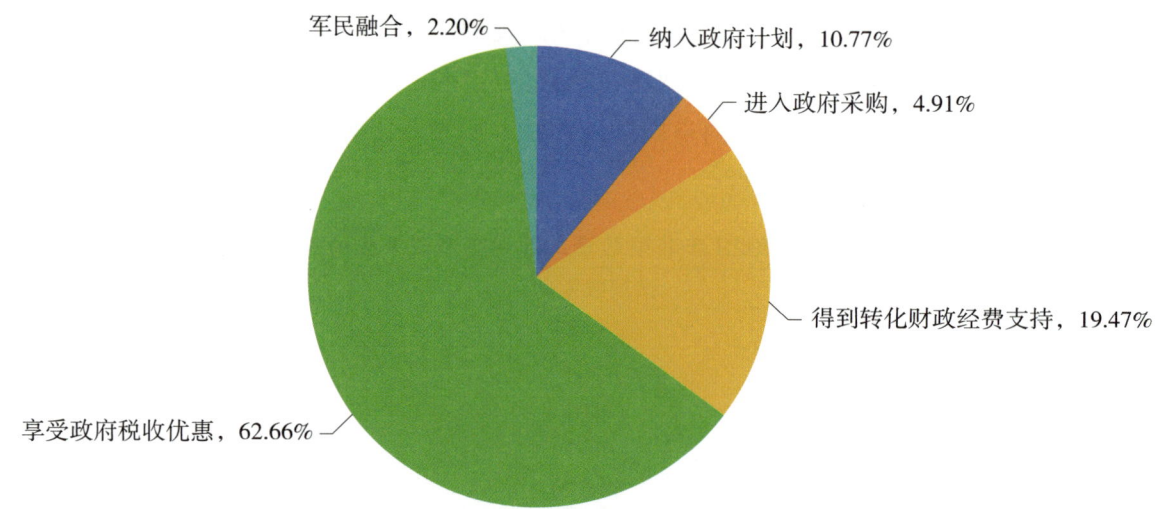

图 4-14　2023 年非财政资助应用技术成果转化的政府支持情况

7. 本单位转化政策支持情况

从应用技术成果获得的本单位转化政策支持情况看，2023 年共有 17 679 项非财政资助应用技术成果反馈有效数据。由于应用技术成果的本单位转化政策支持形式为多选项，因此共统计出 25 282 个选项，平均每项应用技术成果选择 1.43 个选项。

其中，将成果转化纳入绩效考评的应用技术成果占比为 49.08%，将成果转化与个人收入分配挂钩的应用技术成果占比为 27.60%（表 4-11）。

表 4-11　2023 年非财政资助应用技术成果的本单位转化政策支持情况

本单位转化政策支持	选项数（个）	普及率（n=17 679）
设立转化机构	3150	17.82%
纳入绩效考评	8676	49.08%
与职称评定挂钩	3678	20.80%
与个人收入分配挂钩	4880	27.60%
未设立转化机构	2197	12.43%
未出台转化政策	2701	15.28%
合计	25 282	143.01%

注：普及率强调样本中有多少比例选择该项，各个选项的比例之和大于 100%。

四、大专院校和独立科研机构应用技术成果转移转化情况

1. 应用状态

2023年，全国登记的应用技术成果中，由大专院校和独立科研机构完成的应用技术成果共计14 169项。其中，产业化应用的应用技术成果4058项，占大专院校和独立科研机构应用技术成果总量的28.64%，这一比例低于整体应用技术成果中产业化应用的占比（46.68%）。小批量或小范围应用的应用技术成果数量、试用的应用技术成果数量分别占大专院校和独立科研机构应用技术成果总量的30.77%和17.39%。未应用的应用技术成果3257项，占比为22.99%。应用后停用的应用技术成果30项，占比为0.21%（图4-15）。

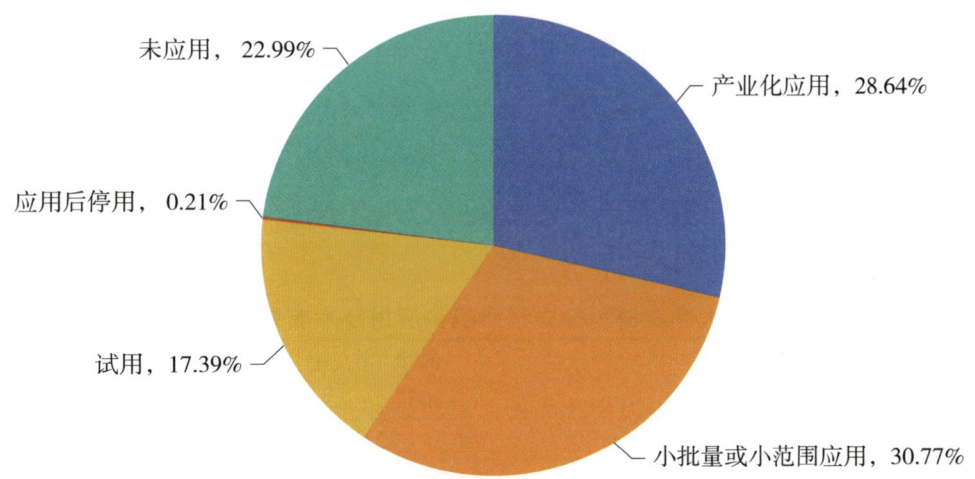

图4-15　2023年大专院校和独立科研机构应用技术成果应用状态分布

2. 转化方式

2023年，由大专院校和独立科研机构完成的财政资助应用技术成果转化的最主要方式是自我转化。除国家科技计划外，在其他财政资助来源中，自我转化的比例均为最高。其中，地方计划自我转化的比例高达30.48%，其次是部门计划，占比为28.22%（表4-12）。

表4-12　2023年大专院校和独立科研机构财政资助应用技术成果的转化方式

课题来源	自我转化	合作转化	技术转让	技术许可	技术作价投资	合作开发	技术服务	其他
国家科技计划	20.10%	26.63%	20.37%	4.18%	1.22%	7.31%	18.97%	1.22%
部门计划	28.22%	20.64%	19.51%	4.55%	0.57%	6.25%	17.42%	2.84%
地方计划	30.48%	19.54%	15.94%	2.69%	0.62%	9.11%	19.59%	2.03%

续表

课题来源	自我转化	合作转化	技术转让	技术许可	技术作价投资	合作开发	技术服务	其他
部门基金	25.00%	20.31%	25.00%	0.78%	0.78%	8.59%	17.19%	2.34%
地方基金	22.86%	14.29%	20.71%	3.57%	2.50%	12.50%	21.79%	1.79%

3. 转移转化效益

2023年，大专院校和独立科研机构完成的应用技术成果中，已实现产业化应用的应用技术成果4058项。其中，获得经济效益的应用技术成果3037项，占大专院校和独立科研机构完成的应用技术成果的21.43%。已转化成果1578项，占大专院校和独立科研机构完成的应用技术成果的11.14%。

2023年，大专院校和独立科研机构完成的3037项获得经济效益的应用技术成果中，自我转化形成的累计总收入约为3671.77亿元；合作转化收入约为3017.35亿元；技术转让收入约为45.00亿元，其中，知识产权转让收入约为26.85亿元；技术许可收入约为5.89亿元，其中，知识产权许可收入约为1.45亿元；技术作价投资收入约为31.79亿元，其中，技术入股股权折价收入约为31.78亿元（表4-13）。

表4-13 2023年大专院校和独立科研机构应用技术成果转移转化收入情况

项目名称	合计	独立科研机构	大专院校
获得经济效益成果数（项）	3037	1882	1155
自我转化效益：收入（万元）	36 717 723	16 059 637	20 658 086
净利润（万元）	4 232 008	2 098 744	2 133 264
实交税金（万元）	1 328 701	355 719	972 982
出口创汇（万元）	466 057	57 940	408 117
节约资金（万元）	2 068 404	1 055 316	1 013 088
合作转化收入（万元）	30 173 521	7 614 870	22 558 651
技术转让收入（万元）	450 048	194 402	255 646
其中：知识产权转让收入（万元）	268 482	71 140	197 342
技术许可收入（万元）	58 945	50 297	8648
其中：知识产权许可收入（万元）	14 466	10 377	4089
技术作价投资收入（万元）	317 876	11 184	306 692
其中：技术入股股权折价收入（万元）	317 849	11 157	306 692

4. 技术转让与许可收入

2023年，在登记到国家科技成果库的应用技术成果中，由大专院校和独立科研机构完成的应用技术成果共14 083项。其中，财政资助应用技术成果8880项，占比为63.05%；非财政资助应用技术成果5203项，占比为36.95%。

2023年，在8880项财政资助应用技术成果中，已转让企业6469家，实现技术转让与许可收入约44.11亿元，平均每项应用技术成果的技术转让与许可收入为49.67万元（表4-14）。

表4-14 2023年大专院校和独立科研机构财政资助应用技术成果应用情况

课题来源	应用技术成果（项）	已转让企业（家）	技术转让与许可收入（万元）	平均每项应用技术成果的技术转让与许可收入（万元）
国家科技计划	2271	1457	272 323	119.91
部门计划	905	3772	100 419	110.96
地方计划	4804	1060	59 363	12.36
部门基金	259	112	7577	29.25
地方基金	641	68	1389	2.17
合计	8880	6469	441 071	49.67

2023年，在5203项非财政资助应用技术成果中，自选课题应用技术成果数量最多，占75%以上。非财政资助应用技术成果已转让企业1086家，获得技术转让与许可收入约6.79亿元，平均每项应用技术成果的技术转让与许可收入为13.05万元（表4-15）。

表4-15 2023年大专院校和独立科研机构非财政资助应用技术成果应用情况

课题来源	应用技术成果（项）	已转让企业（家）	技术转让与许可收入（万元）	平均每项应用技术成果的技术转让与许可收入（万元）
国际合作	20	1	0	0
横向委托	340	142	3610	10.62
民间基金	4	0	0	0
自选	3907	549	54 070	13.84
其他	932	394	10 236	10.98
合计	5203	1086	67 916	13.05

五、企业应用技术成果转移转化情况

1. 应用状态

2023年，全国登记的应用技术成果中，由企业完成的应用技术成果共计53 825项。其中，产业化应用的应用技术成果30 548项，占企业应用技术成果总量的56.75%，这一比例明显高于整体应用技术成果中产业化应用的占比（46.68%）。小批量或小范围应用的应用技术成果数量、试用的应用技术成果数量分别占企业应用技术成果总量的28.99%和6.71%。未应用的应用技术成果4006项，占比为7.44%。应用后停用的应用技术成果59项，占比为0.11%（图4-16）。

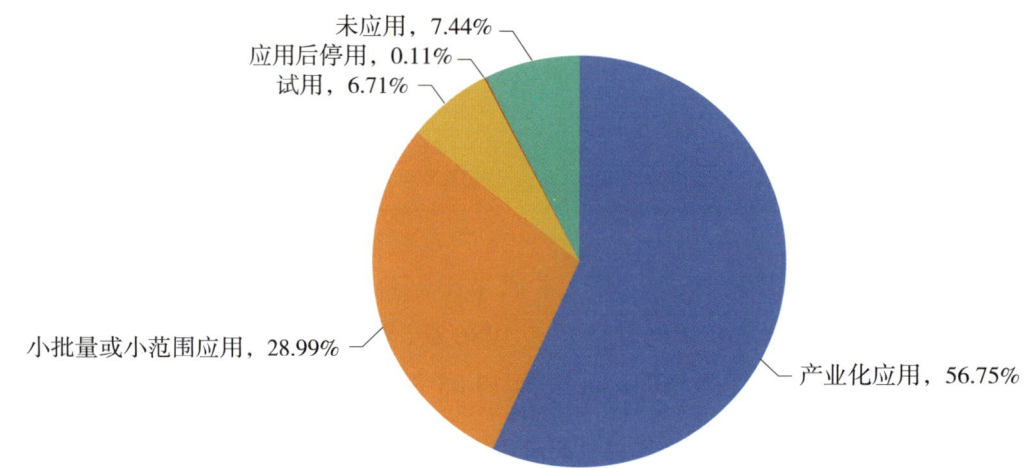

图4-16　2023年企业应用技术成果应用状态分布

2. 转化方式

2023年，由企业完成的财政资助应用技术成果转化的主要方式是自我转化，各类财政资助来源的占比均超过65%。其中，地方计划的应用技术成果实现自我转化的比例高达88.95%。合作转化占比的平均值为7.66%。技术作价投资占比的平均值最低（表4-16）。

表4-16　2023年企业财政资助应用技术成果的转化方式

课题来源	自我转化	合作转化	技术转让	技术许可	技术作价投资	合作开发	技术服务	其他
国家科技计划	66.16%	10.82%	6.25%	0.30%	0.00%	6.71%	9.15%	0.61%
部门计划	87.70%	3.81%	1.90%	0.32%	0.16%	1.67%	3.73%	0.71%
地方计划	88.95%	4.67%	0.98%	0.17%	0.07%	2.10%	2.62%	0.45%
部门基金	69.05%	7.14%	2.38%	0.00%	0.00%	2.38%	19.05%	0.00%
地方基金	65.79%	11.84%	7.89%	1.32%	0.00%	3.95%	9.21%	0.00%

2023年，非财政资助的应用技术成果转化方式中，以自选课题应用技术成果的自我转化最为突出，占比高达92.37%。民间基金应用技术成果中，除自我转化、合作转化和其他方式，其余方式的占比均为0.00%（表4-17）。

表4-17 2023年企业非财政资助应用技术成果的转化方式

课题来源	自我转化	合作转化	技术转让	技术许可	技术作价投资	合作开发	技术服务	其他
国际合作	77.27%	13.64%	0.00%	0.00%	0.00%	4.55%	4.55%	0.00%
横向委托	58.29%	13.14%	4.57%	3.43%	0.00%	8.57%	12.00%	0.00%
民间基金	69.23%	23.08%	0.00%	0.00%	0.00%	0.00%	0.00%	7.69%
自选	92.37%	2.16%	1.05%	0.45%	0.12%	0.56%	2.78%	0.52%
其他	76.50%	8.47%	2.49%	1.99%	0.08%	3.16%	5.56%	1.74%

3. 转移转化效益

2023年，企业完成的应用技术成果中，获得经济效益的应用技术成果34 938项，占企业完成的应用技术成果的64.91%。已转化成果23 239项，占企业完成的应用技术成果的43.18%。企业完成的34 938项获得经济效益的应用技术成果中，自我转化形成的累计总收入约为32 422.88亿元；合作转化收入约为2977.28亿元；技术转让收入约为31.25亿元，其中，知识产权转让收入约为5.05亿元；技术许可收入约为18.13亿元，其中，知识产权许可收入约为10.33亿元；技术作价投资收入约为2.44亿元，其中，技术入股股权折价收入约为2.31亿元（表4-18）。

表4-18 2023年企业应用技术成果转移转化收入情况

项目名称	企业
获得经济效益成果数（项）	34 938
自我转化效益：收入（万元）	324 228 764
净利润（万元）	65 482 156
实交税金（万元）	19 836 510
出口创汇（万元）	10 679 563
节约资金（万元）	34 485 170
合作转化收入（万元）	29 772 808
技术转让收入（万元）	312 546
其中：知识产权转让收入（万元）	50 505
技术许可收入（万元）	181 279
其中：知识产权许可收入（万元）	103 251
技术作价投资收入（万元）	24 375
其中：技术入股股权折价收入（万元）	23 092

4. 技术转让与许可收入

2023年，在登记到国家科技成果库的应用技术成果中，由企业完成的应用技术成果共53 806项。其中，财政资助应用技术成果9606项，占比为17.85%；非财政资助应用技术成果44 200项，占比为82.15%。

2023年，在9606项财政资助应用技术成果中，已转让企业6884家，实现技术转让与许可收入约16.87亿元，平均每项应用技术成果的技术转让与许可收入为17.57万元。国家科技计划平均每项应用技术成果的技术转让与许可收入水平较高。地方基金的技术转让与许可收入处于较低水平，部门基金更是0元（表4-19）。

表4-19 2023年企业财政资助应用技术成果应用情况

课题来源	应用技术成果（项）	已转让企业（家）	技术转让与许可收入（万元）	平均每项应用技术成果的技术转让与许可收入（万元）
国家科技计划	891	368	118 592	133.10
部门计划	1602	229	29 627	18.49
地方计划	6932	6226	19 494	2.81
部门基金	59	25	0	0
地方基金	122	36	1033	8.47
合计	9606	6884	168 746	17.57

2023年，在44 200项非财政资助应用技术成果中，已转让企业10 792家，获得技术转让与许可收入约32.51亿元，平均每项应用技术成果的技术转让与许可收入为7.35万元。其中，自选课题应用技术成果数量最多，约占企业完成的非财政资助应用技术成果的95.50%，其产业化应用也占各类课题来源的主导地位（表4-20）。

表4-20 2023年企业非财政资助应用技术成果应用情况

课题来源	应用技术成果（项）	已转让企业（家）	技术转让与许可收入（万元）	平均每项应用技术成果的技术转让与许可收入（万元）
国际合作	24	1	0	0
横向委托	289	165	1850	6.40
民间基金	42	1	0	0
自选	42 212	10 167	73 287	1.74
其他	1633	458	249 929	153.05
合计	44 200	10 792	325 066	7.35

第五部分
科技成果完成单位及完成人

一、成果完成单位情况

1. 单位构成

企业是科技成果的主要完成单位。2023年全国登记的93 406项科技成果中，成果完成单位按成果数量由多到少排序，依次是企业54 221项，占成果总量的58.05%；大专院校12 593项，占成果总量的13.48%；独立科研机构9604项，占成果总量的10.28%；医疗机构8980项，占成果总量的9.61%（图5-1）。

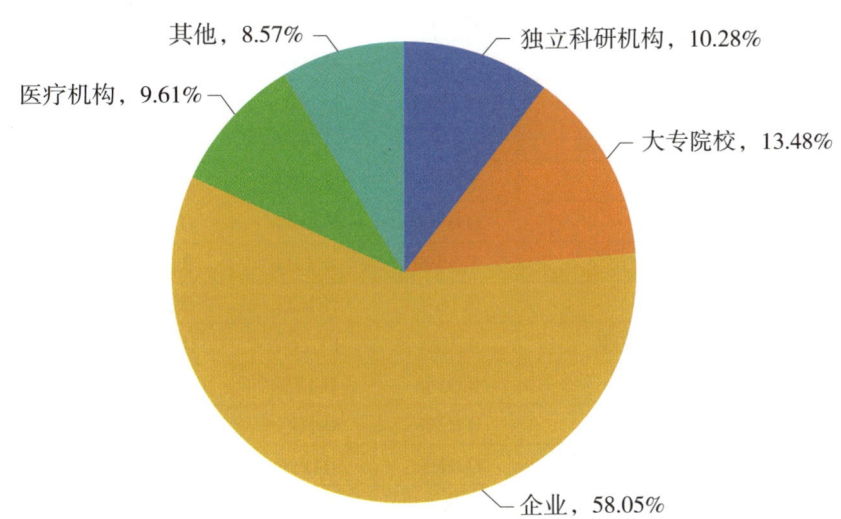

图5-1　2023年成果完成单位类型分布

2019—2023年，企业完成的登记科技成果数量从35 511项增加到54 221项，增长了52.69%。科技成果的完成单位类型分布情况基本稳定（表5-1）。

表5-1　2019—2023年各类型成果完成单位的登记科技成果数量

成果完成单位类型	成果数（项）				
	2019年	2020年	2021年	2022年	2023年
独立科研机构	9158	9513	9650	9779	9604
大专院校	10 567	11 782	11 216	10 520	12 593
企业	35 511	40 642	42 266	49 779	54 221
医疗机构	7585	8391	8473	7139	8980
其他	5741	6193	7050	7107	8008
合计	68 562	76 521	78 655	84 324	93 406

2. 各类型成果完成单位应用技术成果行业分布

2023年，各类型成果完成单位的应用技术成果所属行业中，独立科研机构侧重于农、林、牧、渔业，科学研究和技术服务业，以及制造业，占比分别为46.04%、16.89%和15.99%；大专院校侧重于农、林、牧、渔业，制造业，以及卫生和社会工作，占比分别为22.17%、17.92%和12.15%；企业侧重于制造业，占比为55.86%；医疗机构以卫生和社会工作为主，占比为96.90%（表5-2）。

表5-2　2023年各类型成果完成单位应用技术成果行业分布

应用行业	独立科研机构	大专院校	企业	医疗机构	其他
农、林、牧、渔业	46.04%	22.17%	7.36%	0.32%	26.28%
采矿业	1.09%	4.03%	2.30%	0.05%	1.31%
制造业	15.99%	17.92%	55.86%	0.27%	4.08%
电力、热力、燃气及水的生产和供应业	2.19%	3.90%	4.05%	0.05%	1.19%
建筑业	1.35%	5.43%	6.16%	0.00%	1.36%
批发和零售业	0.03%	0.16%	0.41%	0.00%	0.12%
交通运输、仓储和邮政业	1.55%	4.31%	3.25%	0.06%	2.04%
住宿和餐饮业	0.16%	0.17%	0.24%	0.02%	0.16%
信息传输、软件和信息技术服务业	4.70%	11.26%	10.07%	0.21%	5.50%
金融业	0.01%	0.17%	0.51%	0.00%	0.45%
房地产业	0.03%	0.10%	0.15%	0.00%	0.10%
租赁和商务服务业	0.01%	0.06%	0.07%	0.02%	0.03%
科学研究和技术服务业	16.89%	9.98%	3.16%	1.60%	42.18%
水利、环境和公共设施管理业	5.23%	4.92%	3.28%	0.06%	4.89%
居民服务、修理和其他服务业	0.04%	1.07%	0.48%	0.03%	0.15%
教育	0.21%	0.75%	0.66%	0.05%	0.43%
卫生和社会工作	3.19%	12.15%	1.33%	96.90%	6.78%
文化、体育和娱乐业	0.27%	0.62%	0.26%	0.06%	0.24%
公共管理、社会保障和社会组织	1.00%	0.85%	0.40%	0.27%	2.71%
国际组织	0.03%	0.00%	0.00%	0.03%	0.00%
合计	100.00%	100.00%	100.00%	100.00%	100.00%

3. 各类型成果完成单位应用技术成果高新技术领域分布

2023年，各类型成果完成单位应用技术成果的高新技术领域分布较为分散。独立科研机构应用技术成果分布领域主要为现代农业领域，占比为45.76%；大专院校应用技术成果主要分布于电子信息和现代农业领域，占比分别为19.93%和19.17%；企业应用技术成果以先进制造领域最为突出，占比达到33.59%；医疗机构应用技术成果主要集中在生物医药与医疗器械领域，占比达到96.26%（表5-3）。

表 5-3 2023 年各类型成果完成单位应用技术成果高新技术领域分布

高新技术领域	独立科研机构	大专院校	企业	医疗机构	其他
电子信息	9.28%	19.93%	19.37%	2.23%	15.80%
先进制造	11.68%	14.12%	33.59%	0.27%	6.33%
航空航天	1.42%	1.11%	0.93%	0.00%	1.09%
现代交通	1.16%	3.17%	2.49%	0.03%	2.57%
生物医药与医疗器械	6.35%	11.54%	5.75%	96.26%	9.43%
新材料	5.71%	10.33%	17.17%	0.50%	2.85%
新能源与节能	4.48%	7.46%	7.24%	0.07%	3.31%
环境保护	8.19%	8.76%	5.43%	0.37%	10.10%
地球、空间与海洋	5.28%	3.90%	1.01%	0.03%	13.02%
核应用技术	0.68%	0.49%	0.24%	0.10%	0.14%
现代农业	45.76%	19.17%	6.79%	0.13%	35.36%
合计	100.00%	100.00%	100.00%	100.00%	100.00%

二、成果完成人情况

2023年全国登记的科技成果共涉及完成人615 715人次，比上年增长13.85%。2019—2023年，成果完成人总人次呈现上升态势，2023年达到5年来最高水平（图5-2）。

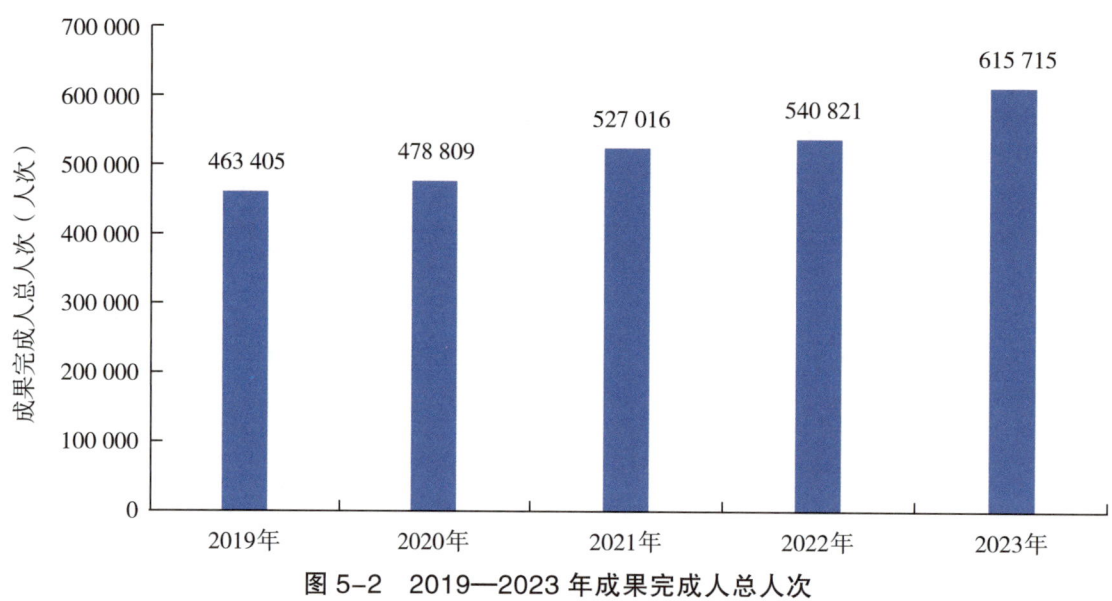

图5-2　2019—2023年成果完成人总人次

企业成果完成人是科学技术研究开发的主体。从单位类型看，2023年企业成果完成人为313 144人次，占总人次的50.86%；大专院校成果完成人为89 552人次，占比为14.54%；独立科研机构和医疗机构成果完成人分别为83 617人次和67 861人次，分别占13.58%和11.02%（图5-3）。

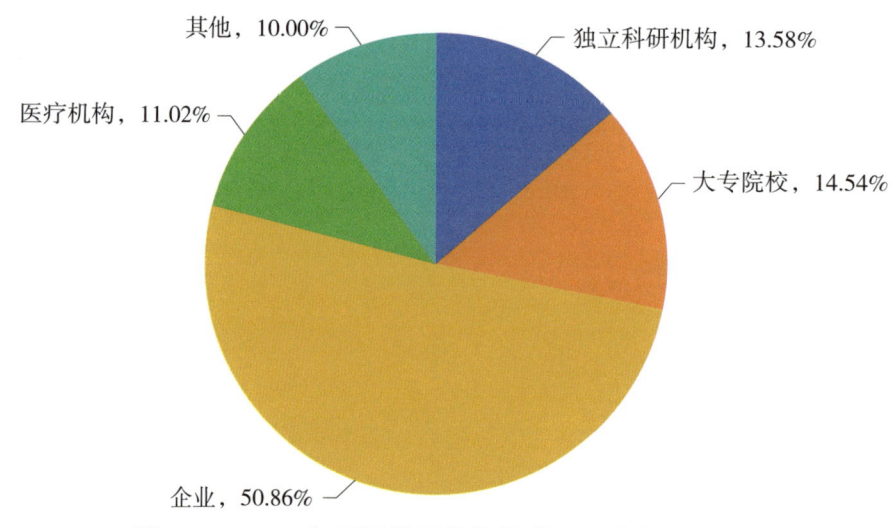

图5-3　2023年不同类型单位的成果完成人数量分布

1. 年龄结构

2023年，成果完成人中，55岁及以下的人员共计560 863人次，占总人次的91.09%。其中，36～45岁的成果完成人是科技成果研发的主力军（图5-4）。

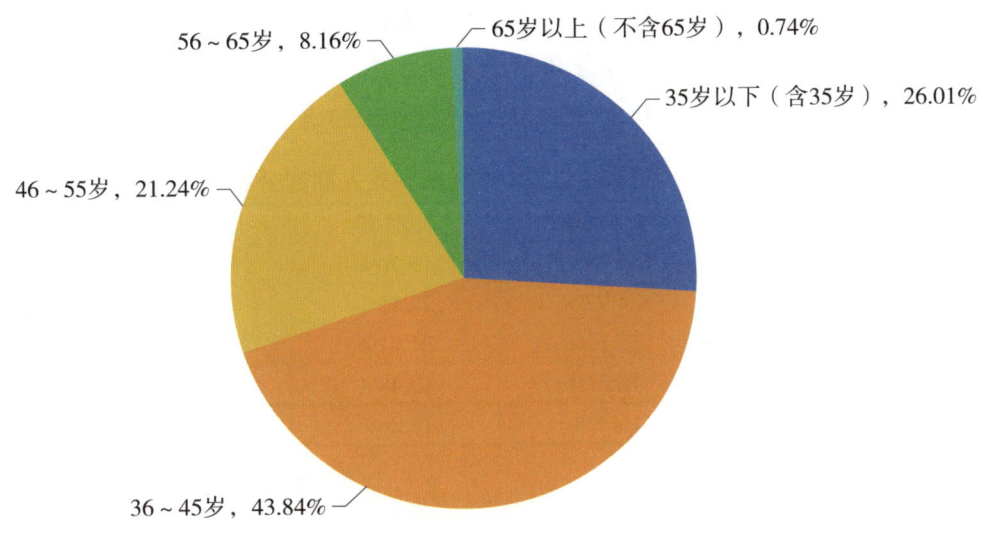

图5-4　2023年成果完成人年龄分布

2. 学历构成

2023年，成果完成人中，博士研究生为113 089人次，占总人次的18.37%；硕士研究生为181 110人次，占总人次的29.41%；大学本科为249 872人次，占总人次的40.58%；本科以下学历人员占比不高，与上年基本持平（图5-5）。

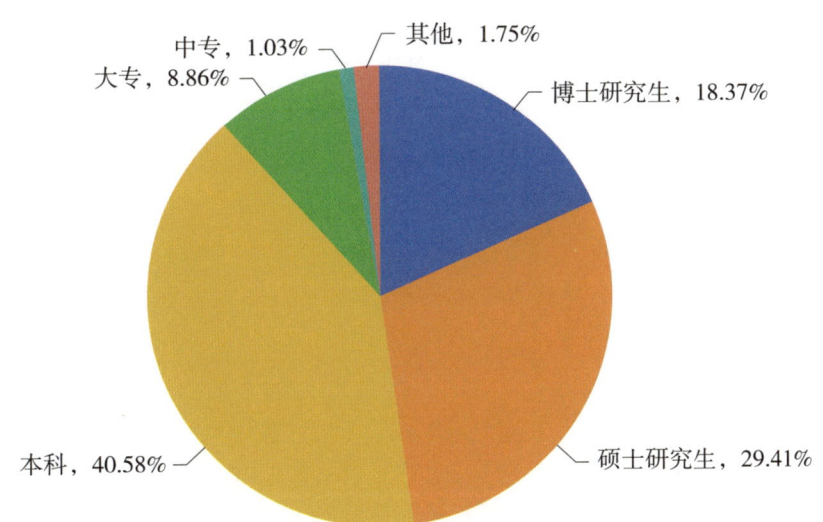

图5-5　2023年成果完成人学历分布

3. 职称构成

2019—2023 年，具有正高级、副高级、中级职称的成果完成人保持较高比例。2023 年，成果完成人中，具有正高级、副高级职称的人员共计 249 558 人次（其中院士为 670 人次），占总人次的 40.53%；具有中级职称的人员 182 608 人次，占总人次的 29.66%。

2019—2023 年，成果完成人的职称分布情况变化不大，具备正高级、副高级、中级职称的成果完成人占比略有下降，从 2019 年的 73.55% 下降到 2023 年的 70.19%（表 5-4）。

表 5-4　2019—2023 年成果完成人职称分布

职称	2019 年	2020 年	2021 年	2022 年	2023 年
正高	15.23%	15.75%	15.70%	15.15%	15.32%
副高	24.83%	24.92%	25.15%	24.93%	25.21%
中级	33.49%	32.19%	31.41%	29.66%	29.66%
初级	11.16%	10.82%	10.48%	10.81%	10.21%
其他	15.29%	16.32%	17.26%	19.44%	19.60%

第六部分

附 录

附表1 2023年全国科技成果登记汇总

	项目名称	合计	独立科研机构	大专院校	企业	医疗机构	其他
基本情况（项）	登记成果数	93 406	9604	12 593	54 221	8980	8008
	其中：鉴定	10 785	527	713	8892	301	352
	验收	28 140	4465	5760	6674	6416	4825
	评审	662	170	141	50	87	214
	行业准入	1063	288	37	578	16	144
	评估	769	47	75	370	52	225
	机构评价	28 613	1682	1119	24 575	716	521
	结题	5206	1055	2850	85	909	307
	知识产权授权	17 080	1246	1619	12 603	384	1228
	其他	1088	124	279	394	99	192
	知识产权数	190 358	19 092	30 131	126 116	6731	8288
	其中：发明专利	96 239	11 285	22 409	57 679	1738	3128
	实用新型专利	66 758	4938	5207	52 194	1737	2682
	外观设计专利	2201	92	81	1897	48	83
	软件著作权	15 109	1227	1330	11 084	300	1168
	其他	10 051	1550	1104	3262	2908	1227
	已授权专利数	149 371	12 458	23 822	105 667	2839	4585
	制定标准数	968	236	88	299	76	269
	其中：国际标准	14	7	0	6	1	0
	国家标准	125	31	5	57	13	19
	行业标准	105	14	13	25	32	21
	地方标准	528	171	56	68	27	206
	团体标准	42	5	6	16	2	13
	企业标准	154	8	8	127	1	10
成果类别（项）	应用技术成果	81 259	7092	7077	53 825	6553	6712
	基础理论成果	10 511	2029	5155	225	2210	892
	软科学成果	1636	483	361	171	217	404

续表

	项目名称	合计	独立科研机构	大专院校	企业	医疗机构	其他
课题来源（项）	国家科技计划	6507	1707	2993	909	561	337
	其中：国家自然科学基金	3454	867	2051	80	378	78
	国家科技重大专项	382	82	111	151	16	22
	国家重点研发计划	1037	443	303	184	48	59
	技术创新引导专项（基金）	70	19	12	25	9	5
	基地和人才专项	53	15	7	15	14	2
	其他国家科技计划	1511	281	509	454	96	171
	部门计划	5353	852	379	1613	249	2260
	地方计划	19 886	3133	4380	7082	3490	1801
	部门基金	927	127	407	63	173	157
	地方基金	3832	561	1715	169	1070	317
	民间基金	56	3	2	42	4	5
	国际合作	72	15	24	25	5	3
	横向委托	861	111	278	299	17	156
	自选	49 311	2337	1800	42 325	1083	1766
	其他	6601	758	615	1694	2328	1206
项目投资额（万元）	经费实际投入额	110 748 732	3 807 787	6 920 659	90 087 749	3 171 773	6 760 764
	其中：国家投入	7 416 316	1 847 517	3 765 369	1 095 973	81 944	625 513
	部门投入	6 097 178	443 006	319 327	4 725 107	469 920	139 818
	地方投入	7 278 406	677 644	1 127 526	2 204 183	825 313	2 443 740
	基金投入	728 280	27 014	99 875	63 498	513 576	24 317
	自有资金	67 128 903	611 796	764 525	63 945 865	1 188 947	617 770
	银行贷款	420 746	3347	9636	406 600	500	663
	国外资金	28 139	509	1048	26 154	400	28
	其他	21 650 764	196 954	833 353	17 620 369	91 173	2 908 915
成果完成人情况（人次）	博士研究生	113 089	22 235	44 615	26 997	11 667	7575
	硕士研究生	181 110	32 507	29 641	69 783	26 266	22 913
	本科	249 872	24 569	13 924	154 877	28 527	27 975
	大专	54 562	3334	877	46 723	1179	2449
	中专	6317	418	83	5441	64	311
	其他	10 765	554	412	9323	158	318

续表

项目名称		合计	独立科研机构	大专院校	企业	医疗机构	其他
成果完成人年龄结构（人次）	35 岁以下（含 35 岁）	160 158	18 227	29 830	84 601	13 022	14 478
	36～45 岁	269 953	37 291	34 025	138 955	32 458	27 224
	46～55 岁	130 752	18 133	17 123	65 594	15 806	14 096
	56～65 岁	50 267	9314	7686	21 679	6133	5455
	65 岁以上（不含 65 岁）	4585	652	888	2315	442	288
成果完成人技术职称（人次）	院士	670	165	204	217	58	26
	正高	93 674	18 080	22 398	29 853	14 256	9087
	副高	155 214	27 677	22 910	65 388	18 549	20 690
	中级	182 608	23 614	18 942	93 972	25 164	20 916
	初级	62 856	6209	3772	40 266	6551	6058
	其他	120 693	7872	21 326	83 448	3283	4764

附表2 2023年全国登记应用技术成果汇总

项目名称	合计	独立科研机构	大专院校	企业	医疗机构	其他
成果属性（项）	81 259	7092	7077	53 825	6553	6712
原始性创新	61 671	5590	5812	40 724	4421	5124
国外引进消化吸收创新	2028	281	338	923	303	183
国内技术二次开发	17 560	1221	927	12 178	1829	1405
成果水平（项）	81 259	7092	7077	53 825	6553	6712
国际领先	3948	276	869	2538	176	89
国际先进	4794	471	880	3089	156	198
国内领先	13 548	905	1145	9359	1407	732
国内先进	7590	502	524	5004	1019	541
国内一般	826	73	53	356	214	130
未评价	50 553	4865	3606	33 479	3581	5022
成果所处阶段（项）	81 259	7092	7077	53 825	6553	6712
初期阶段	20 267	2232	2917	10 931	2685	1502
中期阶段	10 337	1112	1289	6534	657	745
成熟应用阶段	50 655	3748	2871	36 360	3211	4465
高新技术领域（项）	52 884	4847	4851	37 346	2998	2842
电子信息	9167	450	967	7234	67	449
先进制造	13 983	566	685	12 544	8	180
航空航天	500	69	54	346	0	31
现代交通	1214	56	154	930	1	73
生物医药与医疗器械	6169	308	560	2147	2886	268
新材料	7286	277	501	6412	15	81
新能源与节能	3377	217	362	2702	2	94
环境保护	3148	397	425	2028	11	287
地球、空间与海洋	1194	256	189	378	1	370
核应用技术	155	33	24	91	3	4
现代农业	6691	2218	930	2534	4	1005
成果应用行业（项）	81 259	7092	7077	53 825	6553	6712
农、林、牧、渔业	10 580	3265	1569	3961	21	1764
采矿业	1689	77	285	1236	3	88
制造业	32 758	1134	1268	30 064	18	274
电力、热力、燃气及水的生产和供应业	2692	155	276	2178	3	80
建筑业	3885	96	384	3314	0	91
批发和零售业	242	2	11	221	0	8

续表

项目名称	合计	独立科研机构	大专院校	企业	医疗机构	其他
交通运输、仓储和邮政业	2307	110	305	1751	4	137
住宿和餐饮业	163	11	12	128	1	11
信息传输、软件和信息技术服务业	6935	333	797	5422	14	369
金融业	318	1	12	275	0	30
房地产业	96	2	7	80	0	7
租赁和商务服务业	44	1	4	36	1	2
科学研究和技术服务业	6541	1198	706	1701	105	2831
水利、环境和公共设施管理业	2819	371	348	1768	4	328
居民服务、修理和其他服务业	350	3	76	259	2	10
教育	455	15	53	355	3	29
卫生和社会工作	8609	226	860	718	6350	455
文化、体育和娱乐业	224	19	44	141	4	16
公共管理、社会保障和社会组织	547	71	60	216	18	182
国际组织	5	2	0	1	2	0
成果应用情况（项）	81 259	7092	7077	53 825	6553	6712
产业化应用	37 933	2122	1936	30 548	809	2518
小批量或小范围应用	25 793	2578	1782	15 602	3533	2298
试用	7867	1162	1302	3610	1066	727
应用后停用	99	18	12	59	4	6
未应用	9567	1212	2045	4006	1141	1163
未应用或应用后停用原因（项）						
资金问题	1316	154	263	726	93	80
技术问题	1765	209	513	702	240	101
市场问题	1202	95	273	724	70	40
管理问题	1617	180	170	1077	114	76
其他因素	3262	587	833	827	622	393
已转化项目数（项）	25 264	926	652	23 239	121	326
成果应用效果（项）	63 032	4925	4281	48 178	2253	3395
落后技术、工艺、装备的替代	33 635	2204	1512	27 873	686	1360
进口替代	2926	208	314	2321	33	50
填补国内空白	11 830	1283	1387	7397	785	978
降低成本	14 641	1230	1068	10 587	749	1007
成果定价方式（项）	39 338	3091	2206	31 189	1181	1671
协议定价	27 508	2219	1699	22 107	525	958

续表

项目名称	合计	独立科研机构	大专院校	企业	医疗机构	其他
挂牌交易	265	43	30	171	7	14
技术拍卖	359	69	49	197	18	26
其他	11 206	760	428	8714	631	673
成果转化政府支持（项）	28 014	2195	1988	20 481	1372	1978
纳入政府计划	1706	190	186	1101	87	142
进入政府采购	543	57	32	386	13	55
得到转化财政经费支持	2727	203	159	2138	72	155
享受政府税收优惠	4723	251	280	4099	18	75
军民融合	233	24	43	153	7	6
没有支持	18 082	1470	1288	12 604	1175	1545
本单位转化政策支持（项）	42 862	3274	3347	31 082	2246	2913
设立转化机构	5039	558	632	3507	131	211
纳入绩效考评	14 641	941	1066	11 435	603	596
与职称评定挂钩	7157	610	611	4811	517	608
与个人收入分配挂钩	7872	653	563	6221	166	269
未设立转化机构	3721	226	198	2328	392	577
未出台转化政策	4432	286	277	2780	437	652
奖励和报酬（项）	47 947	3650	2603	37 524	1758	2412
未实施转化收益奖励和报酬	13 639	1755	1364	7812	1222	1486
未完全实施转化收益奖励和报酬	13 574	723	474	11 482	319	576
完全实施转化收益奖励和报酬	20 734	1172	765	18 230	217	350
经济效益（项）						
获得经济效益成果数	39 157	1882	1155	34 938	440	742
自我转化效益（万元）						
收入	373 919 570	16 059 637	20 658 086	324 228 764	7 985 404	4 987 679
净利润	73 574 181	2 098 744	2 133 264	65 482 156	2 040 108	1 819 909
实交税金	21 519 111	355 719	972 982	19 836 510	102 734	251 166
出口创汇	11 353 677	57 940	408 117	10 679 563	2941	205 116
节约资金	37 192 890	1 055 316	1 013 088	34 485 170	291 145	348 171
合作转化收入（万元）	61 454 448	7 614 870	22 558 651	29 772 808	161 808	1 346 311
技术转让收入（万元）	797 614	194 402	255 646	312 546	10 068	24 952
其中：知识产权转让收入	330 259	71 140	197 342	50 505	6728	4544
技术许可收入（万元）	241 070	50 297	8648	181 279	30	816
其中：知识产权许可收入	118 519	10 377	4089	103 251	27	775
技术作价投资收入（万元）	369 859	11 184	306 692	24 375	67	27 541
其中：技术入股股权折价收入	368 549	11 157	306 692	23 092	67	27 541

附表3　2022—2023年部门、行业协会、中央企业等登记科技成果统计

单位：项

序号	部门	总数		应用技术成果		基础理论成果		软科学成果	
		2022年	2023年	2022年	2023年	2022年	2023年	2022年	2023年
1	工业和信息化部	54	130	53	130	0	0	1	0
2	公安部	279	—	228	—	0	—	51	—
3	自然资源部	821	1226	594	876	90	236	137	114
4	生态环境部	12	26	10	11	2	14	0	1
5	交通运输部	70	65	56	38	0	3	14	24
6	农业农村部	32	26	31	25	1	1	0	0
7	海关总署	223	497	196	439	0	0	27	58
8	中国人民银行	243	256	228	244	0	0	15	12
9	国家市场监督管理总局	269	369	243	340	12	16	14	13
10	应急管理部	93	—	87	—	0	—	6	—
11	中国科学院	1066	1117	355	388	631	694	80	35
12	中国地震局	19	159	14	105	2	46	3	8
13	中国气象局	717	679	627	593	82	82	8	4
14	国家粮食和物资储备局	50	—	38	—	11	—	1	—
15	国家烟草专卖局	36	52	36	52	0	0	0	0
16	中国民用航空局	39	44	39	44	0	0	0	0
17	国家中医药管理局	267	—	95	—	155	—	17	—
18	中华全国供销合作总社	37	10	33	10	3	0	1	0
19	中国机械工业联合会	37	82	36	82	1	0	0	0
20	中国轻工业联合会	211	224	211	224	0	0	0	0
21	中国有色金属工业协会	160	72	160	72	0	0	0	0
22	中国石油天然气集团有限公司	1533	1097	1533	1097	0	0	0	0
23	中国石油化工集团有限公司	201	199	201	199	0	0	0	0
24	中国电机工程学会	466	462	458	449	0	0	8	13
25	中国建筑集团有限公司	168	185	167	185	1	0	0	0
26	中国中钢集团有限公司	38	25	38	24	0	1	0	0
27	中国中化控股有限责任公司	58	65	54	65	0	0	4	0
28	亚太建设科技信息研究院有限公司	1	—	1	—	0	—	0	—

续表

序号	部门	总数		应用技术成果		基础理论成果		软科学成果	
		2022年	2023年	2022年	2023年	2022年	2023年	2022年	2023年
29	中科高技术企业发展评价中心	30	24	30	24	0	0	0	0
30	中国光学工程学会	4	10	4	10	0	0	0	0
31	中国节能协会	30	51	28	51	0	0	2	0
32	中国农学会	32	26	31	25	1	1	0	0
33	中华环保联合会	27	38	24	33	1	1	2	4
34	中国电器工业协会	5	7	5	7	0	0	0	0
	合计	7328	7223	5944	5842	993	1095	391	286

附表4 2022—2023年地方登记科技成果统计

单位：项

序号	地区	地方	总数		应用技术成果		基础理论成果		软科学成果	
			2022年	2023年	2022年	2023年	2022年	2023年	2022年	2023年
1	东部地区	北京市	1139	1560	923	1289	202	253	14	18
2		广东省	2601	1736	1787	1209	605	385	209	142
3		上海市	751	794	636	624	68	97	47	73
4		江苏省	888	1097	731	887	152	208	5	2
5		山东省	3075	3529	2333	2846	713	632	29	51
6		天津市	1703	2018	1386	1571	307	428	10	19
7		浙江省	7065	6933	6718	6680	256	185	91	68
8		河北省	2432	3661	2287	3419	110	192	35	50
9		福建省	146	190	129	141	9	39	8	10
10		海南省	169	167	93	118	76	49	0	0
11		辽宁省	24	11	24	11	0	0	0	0
12		深圳市	—	85	—	82	—	3	—	0
13		大连市	236	33	222	27	8	4	6	2
14		青岛市	405	441	285	339	117	101	3	1
15		宁波市	900	884	600	614	269	222	31	48
16		厦门市	272	320	253	284	19	33	0	3
17		广州市	904	496	622	317	254	164	28	15
18		济南市	316	420	311	403	1	11	4	6
		小计	23 026	24 375	19 340	20 861	3166	3006	520	508
19	中部地区	湖北省	2247	2558	2146	2395	73	92	28	71
20		安徽省	23 049	23 219	22 874	23 029	81	97	94	93
21		湖南省	1086	911	1065	884	5	10	16	17
22		山西省	1339	2383	821	1761	427	533	91	89
23		河南省	2409	3840	2265	3706	106	96	38	38
24		江西省	1705	1850	1440	1613	265	237	0	0
25		吉林省	350	691	323	587	9	65	18	39
26		黑龙江省	1100	1700	750	1217	319	434	31	49
27		长春市	8	17	8	17	0	0	0	0
28		哈尔滨市	14	5	13	3	0	2	1	0
		小计	33 307	37 174	31 705	35 212	1285	1566	317	396

续表

序号	地区	地方	总数		应用技术成果		基础理论成果		软科学成果	
			2022年	2023年	2022年	2023年	2022年	2023年	2022年	2023年
29	西部地区	陕西省	3505	3884	3010	3555	369	282	126	47
30		四川省	2754	4087	2164	2869	554	1148	36	70
31		重庆市	1918	1560	1781	1375	63	87	74	98
32		甘肃省	1851	2449	1188	1288	618	1102	45	59
33		贵州省	193	171	146	103	42	63	5	5
34		云南省	447	495	422	470	19	19	6	6
35		青海省	547	588	393	415	137	163	17	10
36		广西壮族自治区	6715	7075	6218	6502	490	541	7	32
37		内蒙古自治区	1148	2119	912	1253	226	811	10	55
38		宁夏回族自治区	802	1249	628	865	118	360	56	24
39		新疆维吾尔自治区	490	724	340	459	131	233	19	32
40		新疆生产建设兵团	100	217	78	175	17	34	5	8
41		西藏自治区	5	—	3	—	2	—	0	—
42		西安市	188	16	166	15	20	1	2	0
		小计	20 663	24 634	17 449	19 344	2806	4844	408	446
合计			76 996	86 183	68 494	75 417	7257	9416	1245	1350

附表5　2022—2023年全国登记科技成果课题来源分布

单位：项

课题来源	全国登记合计		其中：地方登记		其中：部门登记	
	2022年	2023年	2022年	2023年	2022年	2023年
国家科技计划	6245	6507	4734	4963	1511	1544
其中：国家自然科学基金	2900	3454	2263	2795	637	659
国家科技重大专项	376	382	326	317	50	65
国家重点研发计划	896	1037	481	646	415	391
技术创新引导专项（基金）	52	70	49	52	3	18
基地和人才专项	71	53	47	47	24	6
其他国家科技计划	1950	1511	1568	1106	382	405
部门计划	5232	5353	2610	3062	2622	2291
地方计划	18 544	19 886	18 050	19 383	494	503
部门基金	810	927	719	813	91	114
地方基金	2651	3832	2508	3665	143	167
民间基金	29	56	28	49	1	7
国际合作	58	72	51	64	7	8
横向委托	757	861	571	634	186	227
自选	44 986	49 311	43 796	47 961	1190	1350
其他	5012	6601	3929	5589	1083	1012

附表6 2023年东、中、西部地区登记科技成果课题来源比例分布

课题来源	东部地区	中部地区	西部地区
国家科技计划	11.25%	1.88%	6.17%
其中：国家自然科学基金	5.58%	0.99%	4.34%
国家科技重大专项	0.96%	0.11%	0.17%
国家重点研发计划	1.50%	0.45%	0.46%
技术创新引导专项（基金）	0.05%	0.03%	0.12%
基地和人才专项	0.11%	0.02%	0.05%
其他国家科技计划	3.06%	0.29%	1.03%
部门计划	6.81%	1.76%	3.04%
地方计划	32.19%	9.80%	32.05%
部门基金	1.09%	0.57%	1.36%
地方基金	3.72%	2.30%	7.73%
民间基金	0.05%	0.07%	0.04%
国际合作	0.09%	0.06%	0.07%
横向委托	1.04%	0.56%	0.70%
自选	28.14%	79.94%	46.22%
其他	15.62%	3.06%	2.61%
合计	100.00%	100.00%	100.00%

附表7　2023年主要经济地带登记科技成果课题来源比例分布

课题来源	京津冀地区	长三角地区	珠三角地区	东北地区
国家科技计划	16.00%	7.27%	3.24%	5.33%
其中：国家自然科学基金	7.82%	1.43%	1.29%	2.97%
国家科技重大专项	1.82%	0.49%	0.26%	0.04%
国家重点研发计划	3.54%	0.28%	0.00%	0.90%
技术创新引导专项（基金）	0.11%	0.01%	0.00%	0.12%
基地和人才专项	0.18%	0.08%	0.00%	0.12%
其他国家科技计划	2.53%	4.98%	1.68%	1.18%
部门计划	5.06%	11.70%	2.76%	4.84%
地方计划	9.60%	42.35%	58.61%	47.33%
部门基金	0.99%	1.46%	0.78%	1.83%
地方基金	2.96%	4.66%	0.69%	19.21%
民间基金	0.04%	0.05%	0.04%	0
国际合作	0.12%	0.09%	0.17%	0.08%
横向委托	0.84%	0.90%	1.64%	1.02%
自选	23.25%	27.81%	25.25%	17.95%
其他	41.14%	3.71%	6.82%	2.40%
合计	100.00%	100.00%	100.00%	100.00%

附表 8　2022—2023 年东、中、西部地区登记高新技术成果比例分布

高新技术领域		东部地区		中部地区		西部地区	
		2022 年	2023 年	2022 年	2023 年	2022 年	2023 年
自然、生态、环境领域	生物医药与医疗器械	14.25%	15.18%	8.78%	9.52%	13.71%	11.97%
	新能源与节能	6.47%	6.40%	5.85%	6.08%	5.11%	5.47%
	环境保护	5.74%	5.61%	5.00%	5.32%	6.55%	6.57%
	地球、空间与海洋	3.01%	2.82%	0.73%	0.91%	1.49%	1.86%
	小计	29.47%	30.01%	20.36%	21.83%	26.86%	25.87%
非自然、生态、环境领域	电子信息	11.03%	10.75%	18.69%	19.67%	19.13%	20.58%
	先进制造	26.30%	27.51%	34.97%	31.90%	20.02%	19.28%
	航空航天	0.75%	0.68%	0.96%	0.72%	1.39%	1.46%
	现代交通	2.38%	2.74%	1.79%	1.38%	2.07%	3.14%
	新材料	21.12%	20.06%	13.90%	14.01%	7.68%	8.11%
	核应用技术	0.36%	0.44%	0.12%	0.07%	0.23%	0.35%
	现代农业	8.59%	7.81%	9.22%	10.41%	22.62%	21.20%
	小计	70.53%	69.99%	79.65%	78.16%	73.14%	74.12%
合计		100.00%	100.00%	100.00%	100.00%	100.00%	100.00%

附表9 2022—2023年主要经济地带登记高新技术成果比例分布

高新技术领域		京津冀地区		长三角地区		珠三角地区		东北地区	
		2022年	2023年	2022年	2023年	2022年	2023年	2022年	2023年
自然、生态、环境领域	生物医药与医疗器械	17.32%	20.41%	9.25%	10.16%	21.09%	20.15%	35.51%	41.35%
	新能源与节能	8.39%	8.23%	5.46%	5.57%	9.01%	6.97%	3.07%	2.04%
	环境保护	6.83%	7.10%	4.38%	4.47%	8.47%	8.91%	3.93%	4.24%
	地球、空间与海洋	10.49%	8.68%	1.63%	1.50%	2.45%	2.20%	1.25%	1.63%
	小计	43.03%	44.42%	20.72%	21.70%	41.02%	38.23%	43.76%	49.26%
非自然、生态、环境领域	电子信息	18.54%	17.31%	7.36%	6.00%	14.65%	17.83%	7.97%	6.20%
	先进制造	11.16%	12.40%	34.38%	36.66%	13.37%	14.56%	13.82%	6.93%
	航空航天	3.52%	2.93%	0.51%	0.38%	0.25%	0.31%	0.58%	0.65%
	现代交通	5.14%	6.48%	0.90%	1.30%	3.61%	3.58%	2.59%	2.61%
	新材料	8.32%	5.75%	30.36%	28.08%	12.83%	10.73%	4.70%	4.81%
	核应用技术	1.08%	0.96%	0.26%	0.52%	0.25%	0.25%	0.10%	0.08%
	现代农业	9.20%	9.75%	5.51%	5.37%	14.03%	14.50%	26.49%	29.45%
	小计	56.96%	55.58%	79.28%	78.31%	58.99%	61.76%	56.25%	50.73%
合计		100.00%	100.00%	100.00%	100.00%	100.00%	100.00%	100.00%	100.00%

附表10 2022—2023年全国登记高新技术成果比例分布

高新技术领域		全国		地方		部门	
		2022年	2023年	2022年	2023年	2022年	2023年
自然、生态、环境领域	生物医药与医疗器械	11.61%	11.67%	11.87%	11.89%	4.69%	5.35%
	新能源与节能	6.20%	6.39%	5.83%	5.99%	16.17%	17.17%
	环境保护	5.90%	5.95%	5.67%	5.77%	11.87%	10.91%
	地球、空间与海洋	1.98%	2.26%	1.65%	1.75%	10.87%	16.36%
	小计	25.69%	26.26%	25.02%	25.40%	43.60%	49.79%
非自然、生态、环境领域	电子信息	16.75%	17.33%	16.47%	17.33%	24.28%	17.39%
	先进制造	27.45%	26.44%	28.01%	26.91%	12.25%	13.61%
	航空航天	1.03%	0.95%	1.02%	0.92%	1.38%	1.51%
	现代交通	2.12%	2.30%	2.05%	2.30%	4.08%	2.21%
	新材料	14.07%	13.78%	14.32%	14.04%	7.23%	6.43%
	核应用技术	0.28%	0.29%	0.22%	0.26%	1.71%	1.24%
	现代农业	12.61%	12.65%	12.88%	12.83%	5.46%	7.83%
	小计	74.31%	73.74%	74.97%	74.59%	56.39%	50.22%
合计		100.00%	100.00%	100.00%	100.00%	100.00%	100.00%

附表11 2023年全国登记科技成果应用情况比例分布

	成果分类	产业化应用	应用后停用	未应用	小批量或小范围应用	试用	合计
应用行业	农、林、牧、渔业	38.59%	0.11%	11.86%	36.49%	12.94%	100.00%
	采矿业	55.29%	0.00%	10.57%	27.61%	6.53%	100.00%
	制造业	61.06%	0.10%	8.86%	23.78%	6.20%	100.00%
	电力、热力、燃气及水的生产和供应业	58.99%	0.22%	5.72%	26.89%	8.17%	100.00%
	建筑业	39.68%	0.10%	7.68%	43.65%	8.89%	100.00%
	批发和零售业	58.68%	0.41%	7.85%	29.75%	3.31%	100.00%
	交通运输、仓储和邮政业	41.44%	0.09%	11.40%	34.59%	12.48%	100.00%
	住宿和餐饮业	38.65%	0.00%	17.79%	34.97%	8.59%	100.00%
	信息传输、软件和信息技术服务业	43.31%	0.17%	11.60%	33.01%	11.91%	100.00%
	金融业	62.58%	0.00%	2.52%	33.96%	0.94%	100.00%
	房地产业	65.63%	0.00%	11.46%	19.79%	3.13%	100.00%
	租赁和商务服务业	43.18%	0.00%	2.27%	50.00%	4.55%	100.00%
	科学研究和技术服务业	25.50%	0.30%	18.44%	40.69%	15.08%	100.00%
	水利、环境和公共设施管理业	34.03%	0.18%	12.88%	38.22%	14.69%	100.00%
	居民服务、修理和其他服务业	25.14%	0.00%	34.57%	34.00%	6.29%	100.00%
	教育	30.62%	0.00%	12.11%	51.76%	5.51%	100.00%
	卫生和社会工作	15.32%	0.12%	19.05%	49.35%	16.16%	100.00%
	文化、体育和娱乐业	32.59%	0.00%	12.95%	43.75%	10.71%	100.00%
	公共管理、社会保障和社会组织	27.97%	0.00%	13.71%	44.24%	14.08%	100.00%
	国际组织	20.00%	0.00%	60.00%	20.00%	0.00%	100.00%
高新技术领域	电子信息	46.41%	0.16%	8.46%	33.35%	11.62%	100.00%
	先进制造	58.51%	0.08%	10.01%	24.13%	7.27%	100.00%
	航空航天	51.40%	0.00%	4.80%	33.80%	10.00%	100.00%
	现代交通	40.53%	0.16%	7.83%	39.70%	11.78%	100.00%
	生物医药与医疗器械	30.96%	0.16%	19.96%	36.77%	12.15%	100.00%
	新材料	69.19%	0.05%	5.98%	18.54%	6.23%	100.00%
	新能源与节能	60.29%	0.12%	6.66%	25.97%	6.96%	100.00%
	环境保护	43.84%	0.13%	10.45%	33.58%	12.01%	100.00%
	地球、空间与海洋	35.12%	0.17%	7.54%	46.10%	11.06%	100.00%
	核应用技术	40.65%	0.00%	16.77%	36.13%	6.45%	100.00%
	现代农业	40.00%	0.18%	10.63%	36.61%	12.59%	100.00%

续表

	成果分类	产业化应用	应用后停用	未应用	小批量或小范围应用	试用	合计
成果完成单位类型	独立科研机构	29.92%	0.25%	17.09%	36.35%	16.38%	100.00%
	大专院校	27.36%	0.17%	28.90%	25.18%	18.40%	100.00%
	企业	56.75%	0.11%	7.44%	28.99%	6.71%	100.00%
	其中：国有企业	52.66%	0.09%	5.22%	33.22%	8.81%	100.00%
	集体企业	44.68%	0.00%	8.51%	38.30%	8.51%	100.00%
	股份合作企业	58.45%	0.00%	14.16%	22.83%	4.57%	100.00%
	联营企业	76.47%	0.00%	0.00%	17.65%	5.88%	100.00%
	有限责任公司	56.13%	0.14%	8.61%	29.31%	5.81%	100.00%
	股份有限公司	66.23%	0.05%	5.23%	22.36%	6.14%	100.00%
	私营企业	55.71%	0.10%	8.04%	28.04%	8.12%	100.00%
	个体私营	57.26%	0.00%	2.56%	27.35%	12.82%	100.00%
	港、澳、台商投资企业	73.05%	0.00%	5.86%	20.70%	0.39%	100.00%
	外商投资企业	72.68%	0.00%	1.64%	24.04%	1.64%	100.00%
	其他企业	54.09%	0.05%	4.44%	34.62%	6.80%	100.00%
	医疗机构	12.35%	0.06%	17.41%	53.91%	16.27%	100.00%
	其他	37.51%	0.09%	17.33%	34.24%	10.83%	100.00%

附表12 2023年全国登记科技成果未应用或应用后停用影响因素比例分布

	成果分类	资金问题	技术问题	市场问题	管理问题	其他因素	合计
应用行业	农、林、牧、渔业	15.02%	14.86%	10.54%	16.45%	43.13%	100.00%
	采矿业	11.80%	12.92%	32.58%	2.81%	39.89%	100.00%
	制造业	19.56%	19.93%	18.60%	24.22%	17.68%	100.00%
	电力、热力、燃气及水的生产和供应业	16.88%	21.88%	21.25%	5.63%	34.38%	100.00%
	建筑业	11.92%	20.53%	18.21%	13.25%	36.09%	100.00%
	批发和零售业	30.00%	15.00%	10.00%	25.00%	20.00%	100.00%
	交通运输、仓储和邮政业	7.55%	17.36%	4.53%	21.51%	49.06%	100.00%
	住宿和餐饮业	20.69%	10.34%	27.59%	6.90%	34.48%	100.00%
	信息传输、软件和信息技术服务业	10.91%	20.47%	10.54%	24.26%	33.82%	100.00%
	金融业	0.00%	0.00%	0.00%	50.00%	50.00%	100.00%
	房地产业	9.09%	9.09%	0.00%	63.64%	18.18%	100.00%
	租赁和商务服务业	0.00%	0.00%	0.00%	100.00%	0.00%	100.00%
	科学研究和技术服务业	10.27%	18.51%	10.38%	14.90%	45.94%	100.00%
	水利、环境和公共设施管理业	20.38%	16.85%	13.04%	10.33%	39.40%	100.00%
	居民服务、修理和其他服务业	8.26%	42.98%	9.92%	30.58%	8.26%	100.00%
	教育	7.27%	16.36%	5.45%	5.45%	65.45%	100.00%
	卫生和社会工作	8.80%	20.33%	6.37%	9.22%	55.28%	100.00%
	文化、体育和娱乐业	13.79%	44.83%	6.90%	10.34%	24.14%	100.00%
	公共管理、社会保障和社会组织	25.33%	22.67%	9.33%	8.00%	34.67%	100.00%
	国际组织	0.00%	66.67%	0.00%	33.33%	0.00%	100.00%
高新技术领域	电子信息	10.89%	18.35%	12.66%	17.22%	40.89%	100.00%
	先进制造	19.36%	12.84%	21.28%	29.15%	17.38%	100.00%
	航空航天	16.67%	37.50%	12.50%	4.17%	29.17%	100.00%
	现代交通	5.15%	21.65%	7.22%	21.65%	44.33%	100.00%
	生物医药与医疗器械	10.48%	23.13%	6.93%	17.49%	41.98%	100.00%
	新材料	21.36%	21.36%	18.86%	11.82%	26.59%	100.00%
	新能源与节能	15.28%	21.40%	20.96%	13.10%	29.26%	100.00%
	环境保护	20.42%	18.62%	11.41%	12.01%	37.54%	100.00%
	地球、空间与海洋	6.52%	16.30%	6.52%	8.70%	61.96%	100.00%
	核应用技术	3.85%	7.69%	23.08%	11.54%	53.85%	100.00%
	现代农业	15.63%	12.86%	8.02%	15.77%	47.72%	100.00%

续表

	成果分类	资金问题	技术问题	市场问题	管理问题	其他因素	合计
成果完成单位类型	独立科研机构	12.57%	17.06%	7.76%	14.69%	47.92%	100.00%
	大专院校	12.82%	25.00%	13.30%	8.28%	40.59%	100.00%
	企业	17.90%	17.31%	17.85%	26.55%	20.39%	100.00%
	其中：国有企业	7.71%	19.16%	13.32%	21.03%	38.79%	100.00%
	集体企业	25.00%	25.00%	0.00%	25.00%	25.00%	100.00%
	股份合作企业	0.00%	83.87%	0.00%	3.23%	12.90%	100.00%
	联营企业	0.00%	0.00%	0.00%	0.00%	0.00%	0.00%
	有限责任公司	18.93%	15.13%	16.88%	33.93%	15.13%	100.00%
	股份有限公司	23.13%	20.63%	18.13%	22.19%	15.94%	100.00%
	私营企业	20.05%	19.53%	26.43%	12.37%	21.61%	100.00%
	个体私营	66.67%	0.00%	0.00%	0.00%	33.33%	100.00%
	港、澳、台商投资企业	40.00%	60.00%	0.00%	0.00%	0.00%	100.00%
	外商投资企业	0.00%	66.67%	0.00%	33.33%	0.00%	100.00%
	其他企业	3.30%	4.40%	2.20%	6.59%	83.52%	100.00%
	医疗机构	8.17%	21.07%	6.15%	10.01%	54.61%	100.00%
	其他	11.59%	14.64%	5.80%	11.01%	56.96%	100.00%

附表13 2023年不同课题来源的科技成果应用情况比例分布

课题来源	产业化应用	应用后停用	未应用	小批量或小范围应用	试用	合计
国家科技计划	54.94%	0.08%	10.34%	25.93%	8.71%	100.00%
国家自然科学基金	45.07%	0.08%	17.36%	26.20%	11.29%	100.00%
国家科技重大专项	72.96%	0.00%	4.43%	16.78%	5.83%	100.00%
国家重点研发计划	47.50%	0.12%	9.41%	31.24%	11.73%	100.00%
技术创新引导专项（基金）	29.63%	0.00%	27.78%	31.48%	11.11%	100.00%
基地和人才专项	37.25%	0.00%	17.65%	37.25%	7.84%	100.00%
其他国家科技计划	69.01%	0.10%	3.14%	23.98%	3.77%	100.00%
部门计划	50.28%	0.09%	6.35%	33.66%	9.63%	100.00%
地方计划	42.29%	0.16%	14.29%	30.52%	12.74%	100.00%
部门基金	29.96%	0.19%	14.42%	36.33%	19.10%	100.00%
地方基金	16.72%	0.23%	28.84%	36.60%	17.62%	100.00%
国际合作	48.00%	0.00%	14.00%	32.00%	6.00%	100.00%
横向委托	47.04%	0.40%	6.33%	35.44%	10.78%	100.00%
民间基金	33.33%	0.00%	3.92%	56.86%	5.88%	100.00%
自选	48.79%	0.12%	10.95%	32.11%	8.04%	100.00%
其他	31.32%	0.09%	7.55%	44.02%	17.02%	100.00%

附表14 2023年不同课题来源的科技成果未应用或应用后停用影响因素比例分布

课题来源	资金问题	技术问题	市场问题	管理问题	其他因素	合计
国家科技计划	10.00%	15.26%	9.47%	10.00%	55.26%	100.00%
国家自然科学基金	8.11%	12.61%	9.46%	11.71%	58.11%	100.00%
国家科技重大专项	20.00%	5.00%	30.00%	5.00%	40.00%	100.00%
国家重点研发计划	10.84%	22.89%	4.82%	10.84%	50.60%	100.00%
技术创新引导专项（基金）	0.00%	13.33%	0.00%	0.00%	86.67%	100.00%
基地和人才专项	11.11%	22.22%	0.00%	0.00%	66.67%	100.00%
其他国家科技计划	19.35%	19.35%	16.13%	6.45%	38.71%	100.00%
部门计划	13.64%	11.82%	8.18%	10.00%	56.36%	100.00%
地方计划	10.86%	23.00%	5.01%	9.13%	52.02%	100.00%
部门基金	14.10%	25.64%	11.54%	12.82%	35.90%	100.00%
地方基金	11.92%	29.02%	7.51%	13.47%	38.08%	100.00%
国际合作	0.00%	14.29%	0.00%	14.29%	71.43%	100.00%
横向委托	6.00%	34.00%	18.00%	2.00%	40.00%	100.00%
民间基金	50.00%	0.00%	0.00%	50.00%	0.00%	100.00%
自选	16.96%	18.16%	18.09%	23.31%	23.48%	100.00%
其他	7.16%	8.89%	3.95%	9.14%	70.86%	100.00%

附表15 2023年不同课题来源的科技成果转化方式比例分布

课题来源	自我转化	合作转化	技术转让	技术许可	技术作价投资	合作开发	技术服务	其他	合计
国家科技计划	37.05%	20.55%	15.01%	2.67%	0.69%	7.33%	15.60%	1.09%	100.00%
国家自然科学基金	27.43%	24.65%	18.95%	2.93%	1.08%	8.63%	14.64%	1.69%	100.00%
国家科技重大专项	49.33%	17.00%	11.00%	4.67%	0.33%	3.33%	13.33%	1.00%	100.00%
国家重点研发计划	35.82%	18.27%	12.50%	3.13%	0.48%	10.10%	18.27%	1.44%	100.00%
技术创新引导专项（基金）	50.00%	11.54%	7.69%	0.00%	0.00%	11.54%	19.23%	0.00%	100.00%
基地和人才专项	40.00%	20.00%	12.00%	12.00%	0.00%	4.00%	12.00%	0.00%	100.00%
其他国家科技计划	41.46%	19.90%	14.93%	0.83%	0.66%	5.97%	15.92%	0.33%	100.00%
部门计划	66.53%	9.27%	7.09%	1.52%	0.36%	3.52%	10.25%	1.47%	100.00%
地方计划	69.81%	8.87%	5.08%	1.11%	0.20%	4.24%	9.40%	1.29%	100.00%
部门基金	41.67%	15.22%	15.22%	0.36%	1.45%	5.07%	18.12%	2.90%	100.00%
地方基金	39.33%	13.06%	15.13%	2.39%	1.11%	7.64%	17.83%	3.50%	100.00%
国际合作	54.29%	25.71%	2.86%	0.00%	0.00%	5.71%	11.43%	0.00%	100.00%
横向委托	41.75%	18.87%	8.49%	2.36%	0.47%	11.08%	16.98%	0.00%	100.00%
民间基金	57.89%	26.32%	10.53%	0.00%	0.00%	0.00%	0.00%	5.26%	100.00%
自选	89.26%	2.83%	1.81%	0.80%	0.13%	0.92%	3.61%	0.65%	100.00%
其他	55.61%	7.71%	5.06%	4.07%	0.07%	4.60%	16.39%	6.49%	100.00%

附表16　2023年不同课题来源的应用技术成果技术转让情况

课题来源	应用技术成果（项）	技术转让与许可收入（万元）	已转让企业（家）	平均每项应用技术成果的技术转让与许可收入（万元）
国家科技计划	3673	396 600	2091	107.98
国家自然科学基金	1269	135 952	623	107.13
国家科技重大专项	429	41 540	378	96.83
国家重点研发计划	863	43 964	322	50.94
技术创新引导专项（基金）	54	97	10	1.80
基地和人才专项	51	19 420	24	380.78
其他国家科技计划	1007	155 628	734	154.55
部门计划	3444	133 905	4592	38.88
地方计划	15 603	102 003	9389	6.54
部门基金	546	7577	232	13.88
地方基金	1336	3031	186	2.27
国际合作	50	0	2	0
横向委托	746	5624	321	7.54
民间基金	51	0	1	0
自选	48 701	129 672	12 154	2.66
其他	5651	260 246	1229	46.05
合计/平均	79 801	1 038 658	30 197	13.02

统计说明

1. 本年度报告数据来源于全国31个省（区、市）和新疆生产建设兵团、10个计划单列市和副省级城市，以及28个国务院有关部门、行业协会、中央企业的科技成果管理部门和机构。

2. 经济领域：农、林、牧、渔业，采矿业，制造业，电力、热力、燃气及水的生产和供应业，建筑业，交通运输、仓储和邮政业，信息传输、软件和信息技术服务业，批发和零售业，住宿和餐饮业，金融业，房地产业，租赁和商务服务业。

3. 社会领域：科学研究和技术服务业，水利、环境和公共设施管理业，居民服务、修理和其他服务业，教育，卫生和社会工作，文化、体育和娱乐业，公共管理、社会保障和社会组织，国际组织。

4. 三大产业：第一产业包括农、林、牧、渔业；第二产业包括采矿业，制造业，电力、热力、燃气及水的生产和供应业，建筑业；第一、第二产业之外的其他行业为第三产业。

5. 东部地区：北京市、天津市、河北省、辽宁省、大连市、上海市、江苏省、浙江省、杭州市、宁波市、福建省、厦门市、山东省、济南市、青岛市、广东省、广州市、深圳市、海南省。

6. 中部地区：山西省、吉林省、长春市、黑龙江省、哈尔滨市、安徽省、江西省、河南省、湖北省、湖南省。

7. 西部地区：重庆市、四川省、贵州省、云南省、广西壮族自治区、西藏自治区、陕西省、西安市、甘肃省、青海省、宁夏回族自治区、内蒙古自治区、新疆维吾尔自治区、新疆生产建设兵团。

8. 主要经济地带：东北地区包括黑龙江省、哈尔滨市、吉林省、长春市、辽宁省、大连市；京津冀地区包括北京市、天津市、河北省；长三角地区包括上海市、江苏省、南京市、浙江省、杭州市、宁波市；珠三角地区包括广东省、广州市、深圳市。

9. 登记科技成果：符合《科技成果登记办法》中规定的登记条件，经省（部）级科技成果管理部门审查、登记的科技成果，包括国家科技计划项目、研究主体自发项目。

10. 科技成果的经费投入：科技成果登记前科研项目所投入的研究、开发、推广、应用等实际资金。

11. 高新技术领域：依照《中国高新技术产品目录》进行分类。

12. 行业：依照《国民经济行业分类》（GB/T4754—2017）进行分类。

13. 国家科技计划：国家自然科学基金、国家科技重大专项、国家重点研发计划、技术创新引导专项（基金）、基地和人才专项、其他国家科技计划等。

14. 部门计划：列入国务院有关部门的科技计划。

15. 地方计划：列入省、自治区、直辖市、计划单列市、副省级城市的科技计划。

16. 部门基金：国务院各有关部门的自然科学基金等。

17. 地方基金：地方自然科学基金、青年基金、风险基金、智力引进基金等。

18. 未应用或应用后停用的原因："资金问题"包括"没有足够的经费"等原因；"技术问题"包括"成果目前还不具备应用/转化条件""缺乏产业配套技术支持"等原因；"市场问题"包括"成果没有应用/转化价值""对产业化相关工作及市场不熟悉""市场存在非良性竞争（如仿制、地方保护等）""无合适的合作单位""缺乏良好的转化中介服务"等原因；"管理问题"包括"缺乏后续转化应用的人才队伍""对成果宣传推广力度不足""有关研究人员对转化无兴趣或者无精力开展相关工作""愿意转让技术，但自己进行转化或产业化有困难"等原因；"其他因素"包括"其他"等原因。